水利水电工程建设施工安全生产管理研究

崔　永　于　峰　张韶辉 ◎著

吉林科学技术出版社

图书在版编目（CIP）数据

水利水电工程建设施工安全生产管理研究 / 崔永，于峰，张韶辉著. -- 长春 : 吉林科学技术出版社，2022.4

ISBN 978-7-5578-9548-8

Ⅰ. ①水… Ⅱ. ①崔… ②于… ③张… Ⅲ. ①水利水电工程－工程施工－安全管理－研究 Ⅳ. ①TV513

中国版本图书馆 CIP 数据核字(2022)第 113997 号

水利水电工程建设施工安全生产管理研究

著　　崔　永　于　峰　张韶辉
出 版 人　宛　霞
责任编辑　杨雪梅
封面设计　金熙腾达
制　　版　金熙腾达
幅面尺寸　185mm×260mm
开　　本　16
字　　数　257 千字
印　　张　11.5
印　　数　1–1500 册
版　　次　2022年4月第1版
印　　次　2022年4月第1次印刷

出　　版　吉林科学技术出版社
发　　行　吉林科学技术出版社
地　　址　长春市南关区福祉大路5788号出版大厦A座
邮　　编　130118
发行部电话/传真　0431-81629529　81629530　81629531
81629532　81629533　81629534
储运部电话　0431-86059116
编辑部电话　0431-81629510
印　　刷　廊坊市印艺阁数字科技有限公司

书　　号　ISBN 978-7-5578-9548-8
定　　价　49.00 元

前　言

水是国民经济的命脉，也是人类发展的命脉。水利水电建设关乎国计民生，水利水电工程是我国最重要的基础设施工程建设之一，对我国经济发展、人民日常生活都具有重要作用。水利水电工程是改造大自然并充分利用大自然资源为人类造福的工程。在当前的市场竞争环境下，大幅提升企业项目管理水平，降低施工成本，提高施工技术水平，是水利水电施工企业立足国内市场，开拓国际市场的关键所在。施工企业的管理水平直接决定着企业的发展潜力，影响着水利水电工程建设的质量，因此水利水电施工企业的安全管理工作就必然成为建设管理的重要环节。为了全面实现对水利资源的充分利用，在缓解能源资源危机的基础上，实现我国经济的可持续发展，国家加大了对水利水电工程项目的投入力度，进而使得相应的工程施工项目逐渐增多。在此背景下，为了全面确保这一工程的施工质量，需要科学且合理地实现对基础施工技术的应用，在满足水利水电工程施工实际要求的基础上，确保水利水电工程能够造福社会，实现自身综合效益。

水利水电工程建设是其重要的基础保证，在实际生产生活中，水利水电工程也起到了关键作用。水利水电工程具有建设工期紧、施工强度高、作业面复杂等特点，极易出现安全事故。安全生产是施工中的首要任务，是保证人们生命财产安全的主要手段，“安全第一，预防为主，综合治理”是每个水利水电施工企业必须严格遵守的安全生产方针。本书首先探讨了水利的基础知识以及工程建设；其次叙述了水利水电的工程建设与质量控制；最后讲述了在施工过程中的用电及生产安全管理等内容。希望其能够成为一本为相关研究提供参考和借鉴的专业学术著作，供人们阅读。

目　录

第一章　水利的基础知识 ······ 1

第一节　水文与地质知识 ······ 1

第二节　水资源与枢纽知识 ······ 9

第三节　水库与水电站知识 ······ 15

第四节　水利泵站知识 ······ 20

第二章　水利水电工程建设 ······ 24

第一节　水利工程建设的程序 ······ 24

第二节　水利水电工程施工组织设计 ······ 27

第三节　水利工程施工导截流工程 ······ 30

第四节　水利工程项目管理 ······ 32

第三章　土石坝施工 ······ 36

第一节　土的施工分级和可松性 ······ 36

第二节　土石方开挖 ······ 38

第三节　土料压实 ······ 42

第四节　碾压式土石坝施工 ······ 46

第五节　面板堆石坝施工 ······ 52

第四章　混凝土坝施工 ······ 56

第一节　砂石骨料生产系统 ······ 56

第二节　混凝土生产系统 ······ 59

第三节　混凝土运输浇筑方案 ······ 62

第四节　混凝土的温度控制和分缝分块 ······ 65

第五节　碾压混凝土施工 ······ 71

第五章　水利水电工程质量控制 ······ 76

第一节　水利水电工程质量控制体系 ······ 76
第二节　水利水电工程的全面质量管理 ······ 79
第三节　水利水电工程质量控制方法 ······ 82
第四节　水利水电工程质量评定 ······ 86
第五节　水利水电工程质量统计分析 ······ 88
第六节　水利水电工程竣工验收 ······ 91

第六章　水利水电施工用电安全管理 ······ 99

第一节　施工现场临时用电的原则和管理 ······ 99
第二节　接地装置与防雷 ······ 102
第三节　供配电与基本保护系统 ······ 105
第四节　配电线路与装置设备 ······ 108
第五节　施工现场用电安全管理 ······ 111
第六节　施工现场危险因素防护与措施 ······ 116

第七章　水利水电工程安全风险管理 ······ 120

第一节　水利水电施工安全评价与指标体系 ······ 120
第二节　水利水电工程施工安全管理系统 ······ 126
第三节　水利水电工程项目风险管理的特征 ······ 130
第四节　水利水电工程建设项目风险管理措施 ······ 133

第八章　水利水电工程建设施工企业安全管理 ······ 137

第一节　安全生产目标管理与人员配备 ······ 137
第二节　安全生产投入与规章制度 ······ 141
第三节　安全教育培训与隐患排查治理 ······ 150
第四节　重大危险源与施工设备管理 ······ 157
第五节　安全文化与生产标准化建设 ······ 167

参考文献 ······ 174

第一章 水利的基础知识

第一节 水文与地质知识

一、水文知识

（一）河流和流域

地表上较大的天然水流称为河流。河流是陆地上最重要的水资源和水能资源，是自然界中水文循环的主要通道。我国的主要河流一般发源于山地，最终流入海洋、湖泊或洼地。沿着水流的方向，一条河流可以分为河源、上游、中游、下游和河口几段。我国最长的河流是长江，其河源发源于青海的唐古拉山，湖北宜昌以上河段为上游，长江的上游主要在深山峡谷中，水流湍急，水面坡降大。自湖北宜昌至安徽安庆的河段为中游，河道蜿蜒曲折，水面坡降小，水面明显宽敞。安庆以下河段为下游，长江下游段河流受海潮顶托作用。河口位于上海市。

在水利水电枢纽工程中，为了便于工作，习惯上以面向河流下游为准，左手侧河岸称为左岸，右手侧称为右岸。我国的主要河流中，多数流入太平洋，如长江、黄河、珠江等。少数流入印度洋（怒江、雅鲁藏布江等）和北冰洋。沙漠中的少数河流只有在雨季存在，成为季节河。

直接流入海洋或内陆湖的河流称为干流，流入干流的河流为一级支流，流入一级支流的河流为二级支流，依此类推。河流的干流、支流、溪涧和流域内的湖泊彼此连接所形成的庞大脉络系统，称为河系或水系。如长江水系、黄河水系、太湖水系。

一个水系的干流及其支流的全部集水区域称为流域。在同一个流域内的降水，最终通过同一个河口注入海洋。如长江流域、珠江流域。较大的支流或湖泊也能称为流域，如汉水流域、清江流域、洞庭湖流域、太湖流域。两个流域之间的分界线称为分水线，是分隔两个流域的界限。在山区，分水线通常为山岭或山脊，所以又称分水岭，如秦岭为长江和黄河的分水岭。在平原地区，流域的分界线则不甚明显。特殊的情况如黄河下游，其北岸为海河流域，南岸为淮河流域，黄河两岸大堤成为黄河流域与其他流域的分水线。流域的地表分水线与地下分水线有时并不完全重合，一般以地表分水线作为流域分水线。在平原地区，要划分明确的分水线往往是较为困难的。

（二）河（渠）道的水文学和水力学指标

1. 河（渠）道横断面：垂直于河流方向的河道断面地形。天然河道的横断面形状多种多样，常见的有V形、U形、复式等，如图1–1所示。人工渠道的横断面形状则比较规则，一般为矩形、梯形。河道水面以下部分的横断面为过水断面。过水断面的面积 A 随河水水面涨落变化，与河道流量相关。

2. 河道纵断面：沿河道纵向最大水深线切取的断面，如图1–2所示。

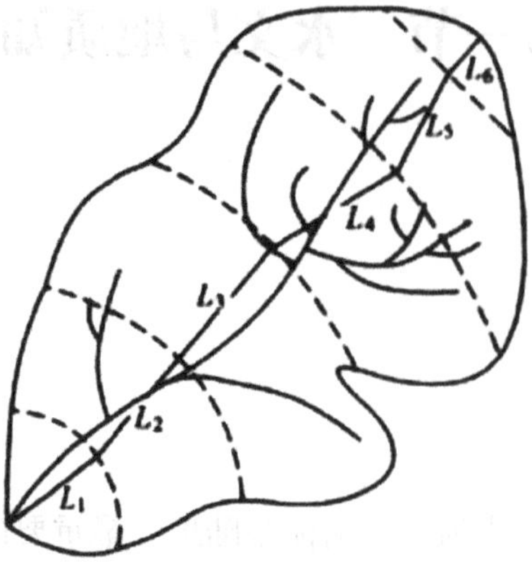

图1–1　河（渠）道横断面示意图

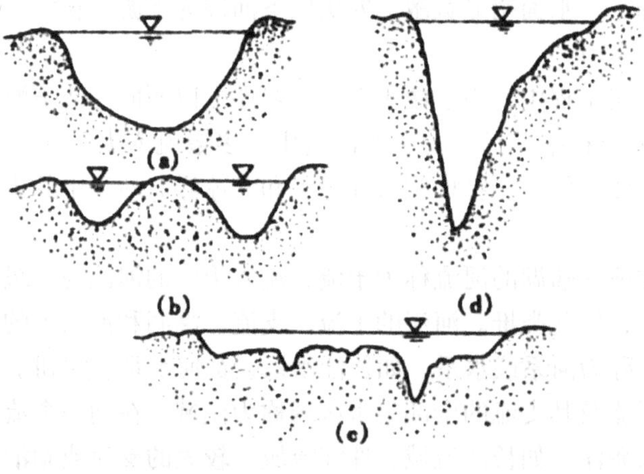

图1–2　河道纵断面示意图

（a）普通长直河道；（b）有河滩地的河道；（c）中下游宽阔河道；（d）弯曲段河道

3. 水位 Z：河道水面在某一时刻的高程，即相对于海平面的高度差。我国目前采用黄海海平面作为基准海平面。

4. 河流长度 L 河流自河源开始，沿河道最大水深线至河口的距离。

5. 落差ÄZ：河流两个过水断面之间的水位差。

6. 纵比降i：水面落差与此段河流长度之比，$i=\Delta Z/\Delta L$。河道水面纵比降与河道纵断面基本上是一致的，在某些河段并不完全一致，与河道断面面积变化、洪水流量有关。

河水在涨落过程中，水面纵比降随洪水过程的时间变化而变化。在涨水过程中，水面纵比降较大，落水过程中则相对较小。

7. 水深h：水面某一点到河底的垂直深度。河道断面水深指河道横断面上水位Z与最深点的高程差。

8. 流量Q：单位时间内通过某一河道（渠道、管道）的水体体积，单位 m^3/s。

9. 流速V：流速单位 m/s。在河道过水断面上，各点流速不一致。一般情况下，过水断面上水面流速大于河底流速，常用断面平均流速作为其特征指标。断面平均流速$\overline{v}=Q/A$。

10. 水头：水中某一点相对于另一水平参照面所具有的水能。

（三）河川径流

径流是指河川中流动的水流量。在我国，河川径流多由降雨所形成。

河川径流形成的过程是指自降水开始，到河水从海口断面流出的整个过程。这个过程非常复杂，一般要经历降水、蓄渗（入渗）、产流和汇流几个阶段。

降雨初期，雨水降落到地面后，除了一部分被植被的枝叶或洼地截留外，大部分渗入土壤中。如果降雨强度小于土壤入渗率，雨水不断渗入到土壤中，不会产生地表径流。在土壤中的水分达到饱和以后，多余部分在地面形成坡面漫流。当降水强度大于土壤的入渗率时，土壤中的水分来不及被降水完全饱和。一部分雨水在继续不断地渗入土壤的同时，另一部分雨水即开始在坡面形成流动。初始流动沿坡面最大坡降方向漫流。坡面水流顺坡面逐渐汇集到沟槽、溪涧中，形成溪流。从涓涓细流汇流形成小溪、小河，最后归于大江大河。渗入土壤的水分中，一部分将通过土壤和植物蒸发到空中；另一部分通过渗流缓慢地从地下渗出，形成地下径流。相当一部分地下径流将补充注入高程较低的河道内，成为河川径流的一部分。

降雨形成的河川径流与流域的地形、地质、土壤、植被，降雨强度、时间、季节，以及降雨区域在流域中的位置等因素有关。因此，河川径流具有循环性、不重复性和地区性。

表示径流的特征值主要有以下几点：

1. 径流量Q：单位时间内通过河流某一过水断面的水体体积。
2. 径流总量W：一定的时段T内通过河流某过水断面的水体总量，$W=QT$。
3. 径流模数M：径流量在流域面积上的平均值，$M=Q/F$。
4. 径流深度R：流域单位面积上的径流总量，$R=W/F$。
5. 径流系数α：某时段内的径流深度与降水量之比$\alpha=R/P$。

（四）河流的洪水

当流域在短时间内较大强度地集中降雨，或地表冰雪迅速融化时，大量水经地表或地下迅速地汇集到河槽，造成河道内径流量急增，河流中发生洪水。

河流的洪水过程是在河道流量较小、较平缓的某一时刻开始，河流的径流量迅速增长，并到达一峰值，随后逐渐降落到趋于平缓的过程。与此同时，河道的水位也经历一个上涨、下落的过程。河道洪水流量的变化过程曲线称为洪水流量过程线。洪水流量过程线上的最大值称为洪峰流量 Q_m，起涨点以下流量称为基流。基流由岩石和土壤中的水缓慢外渗或冰雪逐渐融化形成。大江大河的支流众多，各支流的基流汇合，使其基流量也比较大。山区性河流，特别是小型山溪，基流非常小，冬天枯水期甚至断流。

洪水过程线的形状与流域条件和暴雨情况有关。

影响洪水过程线的流域条件有河流纵坡降、流域形状系数。一般而言，山区性河流由于山坡和河床较陡，河水汇流时间短，洪水很快形成，又很快消退。洪水陡涨陡落，往往几小时或十几小时就经历一场洪水过程。平原河流或大江大河干流上，一场洪水过程往往需要经历三天、七天甚至半个月。如果第一场降雨形成的洪水过程尚未完成又遇降雨，洪水过程线就会形成双峰或多峰。大流域中，因多条支流相继降水，也会造成双峰或其他组合形态。

影响洪水过程线的暴雨条件有暴雨强度、降雨时间、雨量、降雨面积、雨区在流域中的位置等。洪水过程还与降雨季节、与上一场降雨的间隔时间等有关。如春季第一场降雨，因地表土壤干燥而使其洪峰流量较小。发生在夏季的同样的降雨可能因土壤饱和而使其洪峰流量明显变大。流域内的地形、河流、湖泊、洼地的分布也是影响洪水过程线的重要因素。

由于种种原因，实际发生的每一次洪水过程线都有所不同。但是，同一条河流的洪水过程还是有其基本的规律。研究河流洪水过程及洪峰流量大小，可为防洪、设计等提供理论依据。工程设计中，通过分析诸多洪水过程线，选择其中具有典型特征的一条，称为典型洪水过程线。典型洪水过程线能够代表该流域(或河道断面)的洪水特征，作为设计依据。

符合设计标准（指定频率）的洪水过程线称为设计洪水过程线。设计洪水过程线由典型洪水过程线按一定的比例放大而得。洪水放大常用方法有同倍比放大法和同频率放大法，其中同倍比放大法又有“以峰控制”和“以量控制”两种。下面以同倍比放大为例介绍放大方法。

收集河流的洪峰流量资料，通过数量统计方法，得到洪峰流量的经验频率曲线。根据水利水电枢纽的设计标准，在经验频率曲线上确定设计洪水的洪峰流嵐“以峰控制”的同倍比放大倍数 $K_Q=Q_{mp}/Q_m$。其中 Q_{mp}, Q_m 分别为设计标准洪水的洪峰流量和典型洪水过程线的洪峰流量。“以量控制”的同倍比放大倍数 $K_w=W_{tp}/W_t$。其中 W_{tp}，W_t 分别为设计标准洪水过程线在设计时段的洪水总量和典型洪水过程线对应时段的洪水总量。有了放大倍比后，可将典型洪水过程线逐步放大为设计洪水过程线。

（五）河流的泥沙

河流中常挟带着泥沙，是水流冲蚀流域地表所形成。这些泥沙随着水流在河槽中运动。河流中的泥沙一部分是随洪水从上游冲蚀带来，一部分是从沉积在原河床冲扬起来的。当随上游洪水带来的泥沙总量与被洪水带走的泥沙总量相等时，河床处于冲淤平衡状态。冲淤平衡时，河床维持稳定。我国流域的水量：大部分是由降雨汇集而成。暴雨是地表侵蚀的主要因素。地表植被情况是影响河流泥沙含量多少的另一主要因素。在我国南方，尽管暴雨强度远大于北方，由于植被情况良好，河流泥少含量远小于北方。位于北方植被条件差的黄河流经黄土地区，黄土结构疏松，抗雨水冲蚀能力差，使黄河成为高含沙量的河流。影响河流泥沙的另一重要因素是人类活动。近年来，随着部分地区的盲目开发，南方某些河流的泥沙含量也较前有所增多。

泥沙在河道或渠道中有两种运动方式。颗粒小的泥沙能够被流动的水流扬起，并被带动着随水流运动，称为悬移质。颗粒较大的泥沙只能被水流推动，在河床底部滚动，称为推移质。水流挟带泥沙的能力与河道流速大小相关。流速大，则挟带泥沙的能力大，泥沙在水流中的运动方式也随之变化。在坡度陡、流速高的地方，水流能够将较大粒径的泥沙扬起，成为悬移质。这部分泥沙被带到河势平缓、流速低的地方时，落于河床上转变为推移质，甚至沉积下来，成为河床的一部分。沉积在河床的泥沙称为床沙。悬移质、推移质和床沙在河流中随水流流速的变化相互转化。

在自然条件下，泥沙运动不断地改变着河床形态。随着人类活动的介入，河流的自然变迁条件受到限制。人类在河床两岸筑堤挡水，使泥沙淤积在受到约束的河床内，从而抬高河床底高程。随着泥沙淤积和河床抬高，人类被迫不断地加高河堤。例如，黄河开封段、长江荆江段均已成为河床底部高于两岸陆面椒十多米的悬河。

水利水电工程建成以后，破坏了天然河流的水沙条件和河床形态的相对平衡。拦河坝的上游，因为水库水深增加，水流流速大为减少，泥沙因此而沉积在水库内。泥沙淤积的一般规律是：从河流回水末端的库首地区开始，入库水流流速沿程逐渐减小。因此，粗颗粒首先沉积在库首地区，较细颗粒沿程陆续沉积，直至坝前。随着库内泥沙淤积高程的增加，较粗颗粒也会逐渐带至坝前。水库中的泥沙淤积会使水库库容减少，降低工程效益。泥沙淤积在河流进入水库的口门处，抬高口门处的水位及其上游回水水位，增加上游淹没。进入水电站的泥沙会磨损水轮机。水库下游，因泥沙被水库拦截，下泄水流变清，河床因清水冲刷造成河床刷深下切。

在多沙河流上建造水利水电枢纽工程时，需要考虑泥沙淤积对水库和水电站的影响。需要在适当的位置设置专门的冲砂建筑物，用以减缓库区淤积速度，阻止泥沙进入发电输水管（渠）道，延长水库和水电站的使用寿命。

描述河流泥沙的特征值有以下几个：

1. 含沙量：单位水体中所含泥沙重量，单位 kg/m^3。

2. 输沙量：一定时间内通过某一过水断面的泥沙重量，一般以年输沙量衡量一条河流的含沙量。

3. 起动流速量：使泥沙颗粒从静止变为运动的水流流速。

二、地质知识

地质构造是指由于地壳运动使岩层发生变形或变位后形成的各种构造形态。地质构造有五种基本类型：水平构造、倾斜构造、直立构造、褶皱构造和断裂构造。这些地质构造不仅改变了岩层的原始产状、破坏了岩层的连续性和完整性，甚至降低了岩体的稳定性和增大了岩体的渗透性。因此，研究地质构造对水利工程建筑有着非常重要的意义。要研究上述五种构造必须了解地质年代和岩层产状的相关知识。

（一）地质年代和地层单位

地球形成至今已有46亿年，对整个地质历史时期而言，地球的发展演化及地质事件的记录和描述需要有一套相应的时间概念，即地质年代。同人类社会发展历史分期一样，可将地质年代按时间的长短依次分为宙、代、纪、世不同时期，对应于上述时间段所形成的岩层（即地层）依次称为宇、界、系、统，这便是地层单位。如太古代形成的地层称为太古界，石炭纪形成的地层称为石炭系等。

（二）岩层产状

1. 岩层产状要素

岩层产状指岩层在空间的位置，用走向、倾向和倾角表示，称为岩层产状三要素。

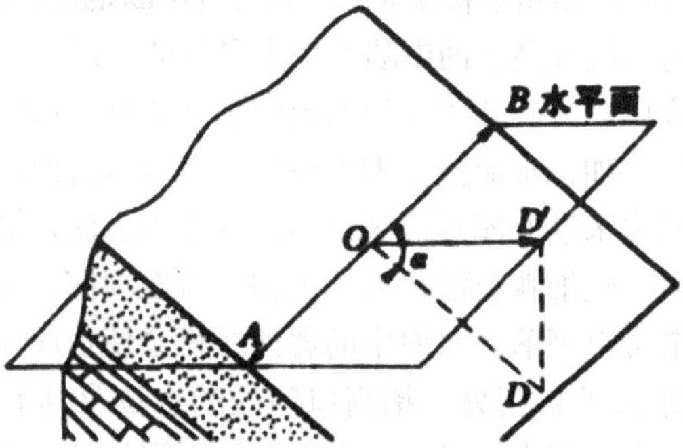

图1-3　岩层产状要素图

AOB—走向线；*OD*—倾向线；*OD'*—倾斜线在水平面上的投影，箭头方向为倾向；α—倾角

（1）走向。岩层面与水平面的交线叫走向线（图1-3中的*AOB*线），走向线两端所指的方向即为岩层的走向。走向有两个方位角数值，且相差180°。如NW300°和SE120°。岩层的走向表示岩层的延伸方向。

（2）倾向。层面上与走向线垂直并沿倾斜面向下所引的直线叫倾斜线（图1-3中的*OD*线），倾斜线在水平面上投影（图1-3中的*OD'*线）所指的方向就是岩层的倾向。对于同一岩层面，倾向与走向垂直，且只有一个方向。岩层的倾向表示岩层的倾斜方向。

（3）倾角。是指岩层面和水平面所夹的最大锐角（或二面角）（图1-3中的α角）。

除岩层面外，岩体中其他面（如节理面、断层面等）的空间位置也可以用岩层产状三要素来表示。

2. 岩层产状要素的测量

岩层产状要素须用地质罗盘测量。地质罗盘的主要构件有磁针、刻度环、方向盘、倾角旋钮、水准泡、磁针锁制器等。刻度环和磁针是用来测岩层的走向和倾向的。刻度环按方位角分划，以北为0°，逆时针方向分划为360°。在方向盘上用四个符合代表地理方位，即N（0°）表示北，S（180°）表示南，E（90°）表示东，W（270°）表示西。方向盘和倾角旋钮是用来测倾角的。方向盘的角度变化介于0°～90°。测量方法如下：

（1）测量走向。罗盘水平放置，将罗盘与南北方向平行的边与层面贴触（或将罗盘的长边与岩层面贴触），调整圆水准泡居中，此时罗盘边与岩层面的接触线即为走向线，磁针（无论南针或北针）所指刻度环上的度数即为走向。

（2）测量倾向。罗盘水平放置，将方向盘上的N极指向岩层层面的倾斜方向，同时使罗盘平行于东西方向的边（或短边）与岩层面贴触，调整圆水准泡居中，此时北针所指刻度环上的度数即为倾向。

（3）测量倾角。罗盘侧立摆放，将罗盘平行于南北方向的边（或长边）与层面贴触，并垂直于走向线，然后转动罗盘背面的测量旋钮，使长水准泡居中，此时倾角旋钮所指方向盘上的度数即为倾角大小。若是长方形罗盘，此时桃形指针在方向盘上所指的度数，即为所测的倾角大小。

3. 岩层产状的记录方法：

岩层产状的记录方法有以下两种：

（1）象限角表示法。一般以北或南的方向为准，记走向、倾向和倾角。

（2）方位角表示法。一般只记录倾向和倾角。

（三）水平构造、倾斜构造和直立构造

1. 水平构造

岩层产状呈水平（倾角$\alpha=0°$）或近似水平（$\alpha<5°$）。岩层呈水平构造，表明该地区地壳相对稳定。

2. 倾斜构造（单斜构造）

岩层产状的倾角$0°<\alpha<90°$，岩层呈倾斜状。

岩层呈倾斜构造说明该地区地壳不均匀抬升或受到岩浆作用的影响。

3. 直立构造

岩层产状的倾角$\alpha\approx 90°$，岩层呈直立状。

（四）褶皱构造

褶皱构造是指岩层受构造应力作用后产生的连续弯曲变形。绝大多数褶皱构造是岩层在水平挤压力作用下形成的。褶皱构造是岩层在地壳中广泛发育的地质构造形态之一，它在层状岩石中最为明显，在块状岩体中则很难见到。褶皱构造的每一个向上或向下弯曲称为褶曲。两个或两个以上的褶曲组合叫褶皱。

1. 褶皱要素

褶皱构造的各组成部分称为褶皱要素。

（1）核部。褶曲中心部位的岩层。

（2）翼部。核部两侧的岩层，一个褶曲有两个翼。

（3）翼角。翼部岩层的倾角。

（4）轴面。对称平分两翼的假象面。轴面可以是平面，也可以是曲面。轴面与水平面的交线称为轴线；轴面与岩层面的交线称为枢纽。

（5）转折端。从一翼转到另一翼的弯曲部分。

2. 褶皱的基本形态

褶皱的基本形态是背斜和向斜。

（1）背斜。岩层向上弯曲，两翼岩层常向外倾斜，核部岩层时代较老，两翼岩层依次变新并呈对称分布。

（2）向斜。岩层向下弯曲，两翼岩层常向内倾斜，核部岩层时代较新，两翼岩层依次变老并呈对称分布。

3. 褶皱的类型

根据轴面产状和两翼岩层的特点，将褶皱分为直立褶皱、倾斜褶皱、倒转褶皱、平卧褶皱、翻卷褶皱。

4. 褶皱构造对工程的影响

（1）褶皱构造影响着水工建筑物地基岩体的稳定性及渗透性。选择坝址时，应尽量考虑避开褶曲轴部地段。因为轴部节理发育、岩石破碎、易受风化、岩体强度低、渗透性强，所以工程地质条件较差。当坝址选在褶皱翼部时，若坝轴线平行岩层走向，则坝基岩性较均一。再从岩层产状考虑，岩层倾向上游、倾角较陡时，对坝基岩体抗滑稳定有利，也不易产生顺层渗漏；当倾角平缓时，虽然不易向下游渗漏，但坝基岩体易于滑动。岩层倾向下游，倾角又缓时，岩层的抗滑稳定性最差，也容易向下游产生顺层渗漏。

（2）褶皱构造与其蓄水的关系

褶皱构造中的向斜构造，是良好的蓄水构造，在这种构造盆地中打井，地下水常较丰富。

（五）断裂构造

岩层受力后产生变形，当作用力超过岩石的强度时，岩石就会发生破裂，形成断裂构造。断裂构造的产生，必将对岩体的稳定性、透水性及其工程性质产生较大影响。根据破裂之后的岩层有无明显位移，将断裂构造分为节理和断层两种形式。

1. 节理

没有明显位移的断裂称为节理。节理按照成因分为三种类型：

第一种为原生节理：岩石在成岩过程中形成的节理，如玄武岩中的柱状节理；第二种为次生节理：风化、爆破等原因形成的裂隙，如风化裂隙等；第三种为构造节理：由构造应力所形成的节理。其中，构造节理分布最广。构造节理又分为张节理和剪节理。张节理由张应力作用产生，多发育在褶皱的轴部，其主要特征为：节理面粗糙不平，无擦痕，节理多开口，一般被其他物质充填，在砾岩或砂岩中的张节理常常绕过砾石或砂粒，节理一般较稀疏，而且延伸不远。剪节理由剪应力作用产生，其主要特征为：节理面平直光滑，有时可见擦痕，节理面一般是闭合的，没有充填物，在砾岩或砂岩中的剪节理常常切穿砾石或砂粒，产状较稳定，间距小、延伸较远，发育完整的剪节理呈 X 形。

2. 断层

有明显位移的断裂称为断层。

（1）断层要素

断层的基本组成部分叫断层要素。断层要素包括断层面、断层线、断层带，断盘及断距。

①断层面。岩层发生断裂并沿其发生位移的破裂面。它的空间位置仍由走向、倾向和倾角表示。它可以是平面，也可以是曲面。

②断层线。断层面与地面的交线。其方向表示断层的延伸方向。

③断层带。包括断层破碎带和影响带。破碎带是指被断层错动搓碎的部分，常由岩块碎屑、粉末、角砾及黏土颗粒组成，其两侧被断层面所限制。影响带是指靠近破碎带两侧的岩层受断层影响裂隙发育或发生牵引弯曲的部分。

④断盘。断层面两侧相对位移的岩块称为断盘。其中，断层面之上的称为上盘，断层面之下的称为下盘。

⑤断距。断层两盘沿断层面相对移动的距离。

（2）断层的基本类型

按照断层两盘相对位移的方向，将断层分为以下三种类型：

①正断层。上盘相对下降，下盘相对上升的断层。

②逆断层。上盘相对上升，下盘相对下降的断层。

③平移断层。是指两盘沿断层面做相对水平位移的断层。

3. 断裂构造对工程的影响

节理和断层的存在，破坏了岩石的连续性和完整性，降低了岩石的强度，增强了岩石的透水性，给水利工程建设带来很大影响。如节理密集带或断层破碎带，会导致水工建筑物的集中渗漏、不均匀变形，甚至发生滑动破坏。因此在选择坝址、确定渠道及隧洞线路时，尽量避开大的断层和节理密集带，否则必须对其进行开挖、帷幕灌浆等方法处理，甚至调整坝或洞轴线的位置。不过，这些破碎地带，有利于地下水的运动和汇集。因此，断裂构造对于山区找水具有重要意义。

第二节　水资源与枢纽知识

一、资源规划知识

（一）规划类型

水资源开发规划是跨系统、跨地区、多学科和综合性较强的前期工作，按区域、范围、规模、目的、专业等可以有多种分类或类型。

水资源开发规划，除在我国《水法》上有明确的类别划分外，当前尚未形成共识。不少文献针对规划的范围、目的、对象、水体类别等的不同而有多种分类。

1. 按水体划分

按不同水体可分为地表水开发规划、地下水开发规划、污水资源化规划、雨水资源利用规划和海咸水淡化利用规划等。

2. 按目的划分

按不同目的可分为供水水资源规划、水资源综合利用规划、水资源保护规划、水土保持规划、水资源养蓄规划、节水规划和水资源管理规划等。

3. 按用水对象划分

按不同用水对象可分为人畜生活饮用水供水规划、工业用水供水规划和农业用水供水规划等。

4. 按自然单元划分

按不同自然单元可分为独立平原的水资源开发规划、流域河系水资源梯级开发规划、小流域治理规划和局部河段水资源开发规划等。

5. 按行政区域划分

按不同行政区域可分为以宏观控制为主的全国性水资源规划和包含特定内容的省、地（市）、县域水资源开发现划。乡镇因常常不是一个独立的自然单元或独立小流域，而水资源开发不仅受到地域且受到水资源条件的限制，所以，按行政区划的水资源开发规划至少应是县以上行政区域。

6. 按目标单一与否划分

按目标的单一与否可分为单目标水资源开发规划（经济或社会效益的单目标）和多目标水资源开发现划（经济、社会、环境等综合的多目标）。

7. 按内容和含义划分

按不同内容和含义可分为综合规划和专业规划。

各种水资源开发现划编制的基础是相同的，相互间是不可分割的，但是各自的侧重点或主要目标不同，且各具特点。

（二）规划的方法

进行水资源规划必须了解和收集各种规划资料，并且掌握处理和分析这些资料的方法，使之为规划任务的总目标服务。

1. 水资源系统分析的基本方法

水资源系统分析的常用方法包括：

（1）回归分析方法。它是处理水资源规划资料最常用的一种分析方法。在水资源规划中最常用的回归分析方法有一元线性回归分析、多元回归分析、非线性回归分析、拟合度量和显著性检验等。

（2）投入产出分析法。它在描述、预测、评价某项水资源工程对该地区经济作用时具有明显的效果。它不仅可以说明直接用水部门的经济效果，也能说明间接用水部门的经济效果。

（3）模拟分析方法。在水资源规划中多采用数值模拟分析。数值模拟分析又可分为两类：数学物理方法和统计技术。数值模拟技术中的数学物理方法在水资源规划的确定性模型中应用较为广泛。

（4）最优化方法。由于水资源规划过程中插入的信息和约束条件不断增加，处理和分析这些信息，以制订和筛选出最有希望的规划方案，使用最优化技术是行之有效的方法。在水资源规划中最常用的最优化方法有线性规划、网络技术动态规划与排队论等。

上述四类方法是水资源规划中常用的基本方法。

2. 系统模型的分解与多级优化

在水资源规划中，系统模型的变量很多，模型结构较为复杂，完全采用一种方法求解是困难的。因此，在实际工作中，往往把一个规模较大的复杂系统分解成许多“独立”的子系统，分别建立子模型，然后根据子系统模型的性质以及子系统的目标和约束条件，采用不同的优化技术求解。这种分解和多级最优化的分析方法在求解大规模复杂的水资源规划问题时非常有用，它的突出优点是使系统的模型更为逼真，在一个系统模型内可以使用多种模拟技术和最优化技术。

3. 规划的模型系统

在一个复杂的水资源规划中，可以有许多规划方案。因此，从加快方案筛选的观点出发，必须建立一套适宜的模型系统。对于一般的水资源规划问题可建立三种模型系统：筛选模型、模拟模型、序列模型。

系统分析的规划方法不同于“传统”的规划方法，它涉及社会、环境和经济方面的各种要求，并考虑多种目标。这种方法在实际使用中已显示出它们的优越性，是一种适合于复杂系统综合分析需要的方法。

强化节水约束性指标管理。严格落实水资源开发利用总量、用水效率和水功能区限制纳污总量“三条红线”，实施水资源消耗总量和强度双控行动，健全取水计量、水质监测和供用耗排监控体系。加快制订重要江河流域水量分配方案，细化落实覆盖流域和省市县三级行政区域的取用水总量控制指标，严格控制流域和区域取用水总量。实施引调水工程要先评估节水潜力，落实各项节水措施。健全节水技术标准体系。将水资源开发、利用、节约和保护的主要指标纳入地方经济社会发展综合评价体系，县级以上地方人民政府对本行政区域水资源管理和保护工作负总责。加强最严格水资源管理制度考核工作，把节水作为约束性指标纳入政绩考核，在严重缺水的地区率先推行。

强化水资源承载能力刚性约束。加强相关规划和项目建设布局水资源论证工作，国民经济和社会发展规划以及城市总体规划的编制、重大建设项目的布局，应当与当地水资源条件和防洪要求相适应。严格执行建设项目水资源论证和取水许可制度，对取用水总量已达到或超过控制指标的地区，暂停审批新增取水。强化用水定额管理，完善重点行业、区域用水定额标准。严格水功能区监督管理，从严核定水域纳污容量，严格控制入河湖排污总量，对排污量超出水功能区限排总量的地区，限制审批新增取水和入河湖排污口。强化水资源统一调度。

强化水资源安全风险监测预警。健全水资源安全风险评估机制，围绕经济安全、资源安全、生态安全，从水旱灾害、水供求态势、河湖生态需水、地下水开采、水功能区水质状况等方面，科学评估全国及区域水资源安全风险，加强水资源风险防控。以省、市、县三级行政区为单元，开展水资源承载能力评价，建立水资源安全风险识别和预警机制。抓紧建成国家水资源管理系统，健全水资源监控体系，完善水资源监测、用水计量与统计等管理制度和相关技术标准体系，加强省界等重要控制断面、水功能区和地下水的水质水量监测能力建设。

二、水利枢纽知识

为了综合利用和开发水资源，常须在河流适当地段集中修建几种不同类型和功能的水工建筑物，以控制水流，并便于协调运行和管理。这种由几种水工建筑物组成的综合体，称为水利枢纽。

（一）水利枢纽的分类

水利枢纽的规划、设计、施工和运行管理应尽量遵循综合利用水资源的原则。

水利枢纽的类型很多。为实现多种目标而兴建的水利枢纽，建成后能满足国民经济不同部门的需要，称为综合利用水利枢纽。以某一单项目标为主而兴建的水利枢纽，常以主要目标命名，如防洪枢纽、水力发电枢纽、航运枢纽、取水枢纽等。在很多情况下水利枢纽是多目标的综合利用枢纽，如防洪—发电枢纽、防洪—发电—灌溉枢纽、发电—灌溉—航运枢纽等。按拦河坝的型式还可分为重力坝枢纽、拱坝枢纽、土石坝枢纽及水闸枢纽等。根据修建地点的地理条件不同，有山区、丘陵区水利枢纽和平原、滨海区水利枢纽之分。根据枢纽上下游水位差的不同，有高、中、低水头之分，世界各国对此无统一规定。我国一般水头 70m 以上的是高水头枢纽，水头 30 ~ 70m 的是中水头枢纽，水头为 30m 以下的是低水头枢纽。

（二）水利枢纽工程基本建设程序及设计阶段划分

水利是国民经济的基础设施和基础产业。水利工程建设要严格按建设程序进行。水利工程建设项目的实施，必须通过基本建设程序立项。水利工程建设项目的立项过程包括项目建议书和可行性研究报告阶段。根据目前管理现状，项目建议书、可行性研究报告、初步设计由水行政主管部门或项目法人组织编制。

项目建议书应根据国民经济和社会发展长远规划、流域综合规划、区域综合规划、专业规划，按照国家产业政策和国家有关投资建设方针进行编制，是对拟进行工程项目的初步说明。项目建议书编制一般由政府委托有相应资质的设计单位承担，并按国家现行规定权限向主管部门申报审批。

可行性研究应对项目进行方案比较，对项目在技术上是否可行和经济上是否合理进行科学的分析和论证。经过批准的可行性研究报告，是项目决策和进行初步设计的依据。可行性研究报告，由项目法人（或筹备机构）组织编制。可行性研究报告经批准后，不得随意修改和变更，在主要内容上有重要变动，应经原批准机关复审同意。项目可行性报告批准后，应正式成立项目法人，并按项目法人责任制实行项目管理。

初步设计是根据批准的可行性研究报告和必要而准确地设计资料，对设计对象进行全面研究，阐明拟建工程在技术上的可行性和经济上的合理性，规定项目的各项基本技术参数，编制项目的总概算。初步设计任务应择优选择有相应资质的设计单位承担，依照有关初步设计编制规定进行编制。

建设项目初步设计文件已批准，项目投资来源基本落实，可以进行主体工程招标设计和组织招标工作以及现场施工准备。项目的主体工程开工之前，必须完成各项施工准备工作，其主要内容包括：第一，施工现场的征地、拆迁；第二，完成施工用水、电、通信、路和场地平整等工程；第三，必需的生产、生活临时建筑工程；第四，组织招标设计、工程咨询、设备和物资采购等服务；第五，组织建设监理和主体工程招标投标，并择优选定建设监理单位和施工承包商。

建设实施阶段是指主体工程的建设实施，项目法人按照批准的建设文件，组织工程建设，保证项目建设目标的实现。项目法人或建设单位向主管部门提出主体工程开工申请报告，按审批权限，经批准后，方能正式开工。随着社会主义市场经济机制的建立，工程建设项目实行项目法人责任制后，主体工程开工，必须具备以下条件：第一，前期工程各阶段文件已按规定批准，施工详图设计可以满足初期主体工程施工需要；第二，建设项目已列入国家年度计划，年度建设资金已落实；第三，主体工程招标已经决标，工程承包合同已经签订，并得到主管部门同意；第四，现场施工准备和征地移民等建设外部条件能够满足主体工程开工需要。

生产准备应根据不同类型的工程要求确定，一般应包括如下内容：第一，生产组织准备，建立生产经营的管理机构及相应管理制度；第二，招收和培训人员；第三，生产技术准备；第四，生产的物资准备；第五，正常的生活福利设施准备。

竣工验收是工程完成建设目标的标志，是全面考核基本建设成果、检验设计和工程质量的重要步骤。竣工验收合格的项目即从基本建设转入生产或使用。

工程项目竣工投产后，一般经过一至两年生产营运后，要进行一次系统的项目后评价，主要内容包括：第一，影响评价——项目投产后对各方面的影响进行评价；第二，经济效益评价——对项目投资、国民经济效益、财务效益、技术进步和规模效益、可行性研究深度等进行评价；第三，过程评价——对项目的立项、设计施工、建设管理、竣工投产、生产营运等全过程进行评价。项目后评价一般按三个层次组织实施，即项目法人的自我评价、项目行业的评价、计划部门（或主要投资方）的评价。

设计工作应遵循分阶段、循序渐进、逐步深入的原则进行。以往大中型枢纽工程常按三个阶段进行设计，即可行性研究、初步设计和施工详图设计。对于工程规模大，技术上复杂而又缺乏设计经验的工程，经主管部门指定，可在初步设计和施工详图设计之间，增加技术设计阶段。

（三）水利工程的影响

水利工程是防洪、除涝、灌溉、发电、供水、围垦、水土保持、移民、水资源保护等工程及其配套和附属工程的统称，是人类改造自然、利用自然的工程。修建水利工程，是为了控制水流、防止洪涝灾害，并进行水量的调节和分配，从而满足人民生活和生产对水资源的需要。因此，大型水利工程往往显现出显著的社会效益和经济效益，带动地区经济发展，促进流域以至整个中国经济社会的全面可持续发展。

但是也必须注意到，水利工程的建设可能会破坏河流或河段及其周围地区在天然状态下的相对平衡。特别是具有高坝大库的河川水利枢纽的建成运行，对周围的自然和社会环境都将产生重大影响。

修建水利工程对生态环境的不利影响是：河流中筑坝建库后，上下游水文状态将发生变化。可能出现泥沙淤积、水库水质下降、淹没部分文物古迹和自然景观，还可能会改变库区及河流中下游水生生态系统的结构和功能，对一些鱼类和植物的生存和繁殖产生不利影响；水库的“沉沙池”作用，使过坝的水流成为“清水”，冲刷能力加大，由于水势和含沙量的变化，还可能改变下游河段的河水流向和冲积程度，造成河床被冲刷侵蚀，也可能影响到河势变化乃至河岸稳定；大面积的水库还会引起小气候的变化，库区蓄水后，水域面积扩大，水的蒸发量上升，因此会造成附近地区日夜温差缩小，改变库区的气候环境，例如可能增加雾天的出现频率；兴建水库可能会增加库区地质灾害发生的频率，例如，兴建水库可能会诱发地震，增加库区及附近地区地震发生的频率；山区的水库由于两岸山体下部未来长期处于浸泡之中，发生山体滑坡、塌方和泥石流的频率可能会有所增加；深水库底孔下放的水，水温会较原天然状态有所变化，可能不如原来情况更适合农作物生长，此外，库水化学成分改变、营养物质浓集导致水的异味或缺氧等，也会对生物带来不利影响。

修建水利工程对生态环境的有利影响是：防洪工程可有效地控制上游洪水，提高河段甚至流域的防洪能力，从而有效地减免洪涝灾害带来的生态环境破坏；水力发电工程利用清洁的水能发电，与燃煤发电相比，可以少排放大量的二氧化碳、二氧化硫等有害气体，减轻酸雨、温室效应等大气危害以及燃煤开采、洗选、运输、废渣处理所导致的严重环境污染；能调节工程中下游的枯水期流量，有利于改善枯水期水质；有些水利工程可为调水工程提供水源条件；高坝大库的建设较天然河流大大增加了的水库面积与容积可以养鱼，对渔业有利；水库调蓄的水量增加了农作物灌溉的机会。

此外，由于水位上升使库区被淹没，需要进行移民，并且由于兴建水库导致库区的风景名胜和文物古迹被淹没，需要进行搬迁、复原等。在国际河流上兴建水利工程，等于重新分配了水资源，间接地影响了水库所在国家与下游国家的关系，还可能会造成外交上的影响。

上述这些水利工程在经济、社会、生态方面的影响，有利有弊，因此兴建水利工程，必须充分考虑其影响，精心研究，针对不利影响应采取有效的对策及措施，促进水利工程所在地区经济、社会和环境的协调发展。

第三节　水库与水电站知识

一、水库知识

（一）水库的概念

水库是指在山沟或河流的狭口处建造拦河坝形成的人工湖泊。水库建成后，可发挥防洪、蓄水、灌溉、供水、发电、养鱼等效益。有时天然湖泊也称为水库（天然水库）。

（二）水库的作用

河流天然来水在一年间及各年间一般都会有所变化，这种变化与社会工农业生产及人们生活用水在时间和水量分配上往往存在矛盾。兴建水库是解决这类矛盾的主要措施之一，同时也是综合利用水资源的有效措施。水库不仅可以使水量在时间上重新分配，满足灌溉、防洪、供水的要求，还可以利用大量的蓄水和抬高了的水头来满足发电、航运及渔业等其他用水部门的需要。水库在来水多时把水存蓄在水库中，然后根据灌溉、供水、发电、防洪等综合利用要求适时适量地进行分配。这种把来水按用水要求在时间和数量上重新分配的作用，称为水库的调节作用。水库的径流调节是指利用水库的蓄泄功能和计划地对河川径流在时间上和数量上进行控制和分配。

径流调节通常按水库调节周期分类，根据调节周期的长短，水库也可分为无调节、日调节、周调节、年调节和多年调节水库。无调节水库没有调节库容，按天然流量供水；日调节水库按用水部门一天内的需水过程进行调节；周调节水库按用水部门一周内的需水过程进行调节；年调节水库将一年中的多余水量存蓄起来，用以提高缺水期的供水量；多年调节水库将丰水年的多余水量存蓄起来，用以提高枯水年的供水量，调节周期超过一年。水库径流调节的工程措施是修建大坝（水库）和设置调节流量的闸门。

水库还可按水库所承担的任务，划分为单一任务水库及综合利用水库；按水库供水方式，可分为固定供水调节及变动供水调节水库；按水库的作用，可分为反调节、补偿调节、水库群调节及跨流域引水调节等。补偿调节是指两个或两个以上水库联合工作，利用各库水文特性、调节性能及地理位置等条件的差别，在供水量、发电出力、泄洪量上相互协调补偿。通常，将其中调节性能高的、规模大的、任务单纯的水库作为补偿调节水库，而以调节性能差、用水部门多的水库作为被补偿水库（电站），考虑不同水文特性和库容进行补偿。一般是上游水库作为补偿调节水库补充放水，以满足下游电站或给水、灌溉引水的用水需要。反调节水库又称再调节水库，是指同一河段相邻较近的两个水库，下一级反调节水库在发电、航运、流量等方面利用上一级水库下泄的水流。例如，葛洲坝水库是三峡水库的反调节水库；西霞院水库是小浪底水库的反调节水库，位于小浪底水利枢纽下游 16km，当小浪底水电站执行频繁的电调指令时，其下泄流量不稳定，会对大坝下游至花园口间河流生命指标以及两岸人民生活、生产用水和河道工程产生不利影响，通过西霞院水库的再调节作用，既保证发电调峰，又能效保护下游河道。

（三）水量平衡原理

水量平衡是水量收支平衡的简称。对于水库而言，水量平衡原理是指任意时刻，水库（群）区域收入（或输入）的水量和支出（或输出）的水量之差，等于该时段内该区域储水量的变化。如果不考虑水库蒸发等因素的影响，某一时段Δt内存蓄在水库中的水量（体积）Δt可用式（1–1）表达

$$\Delta t=\frac{Q_1+Q_2}{2}\ t-\frac{q_1+q_2}{2}\ t \quad (1\text{–}1)$$

式中Q_1、Q_2——时段Δt始、末的天然来水流量，m^3/s；

q_1、q_2——时段Δt始、末的泄水流量，m^3/s。

如图 1–4 所示，（1）当来水流量等于泄水流量时，水库不蓄水，水库水位不升高，库容不增加；（2）、（3）当来水流量大于泄水流量时，水库蓄水，库水位升高，库容增加；（4）当来水流最小于泄水流量时，水库放水，库水位下降。

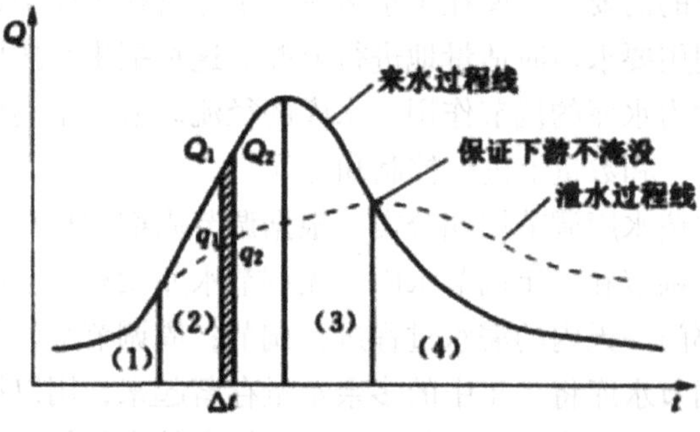

图 1–4　水库工作原理图

（四）水库的特征水位和特征库容

1. 水库的特征水位

正常蓄水位是指水库在正常运用情况下，为满足兴利要求在开始供水时应该蓄到的水位，又称正常水位、兴利水位，或设计蓄水位。它是决定水工建筑物的尺寸、投资、淹没、水电站出力等指标的重要依据。选择正常蓄水位时，应根据电力系统和其他部门的要求及水库淹没、坝址地形、地质、水工建筑物布置、施工条件、梯级影响、生态与环境保护等因素，拟订不同方案，通过技术经济论证及综合分析比较确定。

防洪限制水位是指水库在汛期允许兴利蓄水的上限水位，又称汛前限制水位。防洪限

制水位也是水库在汛期防洪运用时的起调水位。选择防洪限制水位，要兼顾防洪和兴利的需要，应根据洪水及泥沙特性，研究对防洪、发电及其他部门和对水库淹没、泥沙冲淤及淤积部位、水库寿命、枢纽布置以及水轮机运行条件等方面的影响，通过对不同方案的技术经济比较，综合分析确定。

设计洪水位是指水库遇到大坝的设计洪水时，在坝前达到的最高水位。它是水库在正常运用情况下允许达到的最高洪水位，可采用相应于大坝设计标准的各种典型洪水，按拟定的调度方式，自防洪限制水位开始进行调洪计算求得。

校核洪水位是指水库遇到大坝的校核洪水时，在坝前达到的最高水位。它是水库在非常运用情况下，允许临时达到的最高洪水位，可采用相应于大坝校核标准的各种典型洪水，按拟定的调洪方式，自防洪限制水位开始进行调洪计算求得。

防洪高水位是指水库遇下游保护对象的设计洪水时在坝前达到的最高水位。当水库承担下游防洪任务时，须确定这一水位。防洪高水位可采用相应于下游防洪标准的各种典型洪水，按拟定的防洪调度方式，自防洪限制水位开始进行水库调洪计算求得。

死水位是指水库在正常运用情况下，允许消落到的最低水位。选择死水位，应比较不同方案的电力、电量效益和费用，并应考虑灌溉、航运等部门对水位、流量的要求和泥沙冲淤、水轮机运行工况以及闸门制造技术对进水口高程的制约等条件，经综合分析比较确定。正常蓄水位到死水位间的水库深度称为消落深度或工作深度。

2. 水库的特征库容

最高水位以下的水库静库容，称为总库容，一般指校核洪水位以下的水库容积，它是表示水库工程规模的代表性指标，可作为划分水库等级、确定工程安全标准的重要依据。

防洪高水位至防洪限制水位之间的水库容积，称为防洪库容。它用以控制洪水，满足水库下游防护对象的防洪要求。

校核洪水位至防洪限制水位之间的水库容积，称为调洪库容。

正常蓄水位至死水位之间的水库容积，称为兴利库容或有效库容。

当防洪限制水位低于正常蓄水位时，正常蓄水位至防洪限制水位之间汛期用于蓄洪、非汛期用于兴利的水库容积，称为共用库容或重复利用库容。

死水位以下的水库容积，称为死库容。除特殊情况外，死库容不参与径流调节。

二、水电站知识

（一）坝式水电站

1. 河床式水电站

河床式水电站一般修建在河流中下游河道纵坡平缓的河段上，为避免大量淹没，坝建得较低，故水头较小。大中型河床式水电站水头一般为 25m 以下，不超过 30 ~ 40m；中小型水电站水头一般为 10m 以下。河床式电站的引用流量一般都较大，属于低水头大流量型水电站，其特点是：厂房与坝（或闸）一起建在河床上，厂房本身承受上游水压力，并成为挡水建筑物的一部分，一般不设专门的引水管道，水流直接从厂房上游进水口进入水轮机。我国湖北葛洲坝、浙江富春江、广西大化等水电站，均为河床式水电站。

2. 坝后式水电站

坝后式水电站一般修建在河流中上游的山区峡谷地段，受水库淹没限制相对较小，所以坝可建得较高，水头也较大，在坝的上游形成了可调节天然径流的水库，有利于发挥防洪、灌溉、航运及水产等综合效益，并给水电站运行创造了十分有利的条件。由于水头较高，厂房不能承受上游过大水压力而建在坝后（坝下游）。其特点是：水电站厂房布置在坝后，厂坝之间常用缝分开，上游水压力全部由坝承受。三峡水电站、福建水口水电站等，均属坝后式水电站。

坝后式水电站厂房的布置型式很多，当厂房布置在坝体内时，称为坝内式水电站；当厂房布置在溢流坝段之后时，通常称为溢流式水电站。当水电站的拦河坝为土坝或堆石坝等当地材料坝时，水电站厂房可采用河岸式布置。

（二）引水式开发和引水式水电站

在河流坡降较陡的河段上游，通过人工建造的引入道（渠道、隧洞、管道等）引水到河段下游，集中落差，这种开发方式称为引水式开发。用引水道集中水头的水电站，称为引水式水电站。

引水式开发的特点是：由于引水道的坡降（一般取 1/1000 ~ 1/3000）小于原河道的坡降，因而随着引水道的增长，逐渐集中水头；与坝式水电站相比，引水式水电站由于不存在淹没和筑坝技术上的限制，水头相对较高，目前最大水头已达 2000m 以上；引水式水电站的引用流量较小，没有水库调节径流，水量利用率较低，综合利用价值较差，电站规模相对较小，工程量较小，单位造价较低。

引水式开发适用于河道坡降较陡且流量较小的山区河段。根据引水建筑物中的水流状态不同，可分为无压引水式水电站和有压引水式水电站。

1. 无压引水式水电站

无压引水式水电站的主要特点是具有较长的无压引水水道，水电站引水建筑物中的水流是无压流。无压引水式水电站的主要建筑物有低坝、无压进水口、沉沙池、引水渠道（或无压隧洞）、日调节池、压力前池、溢水道、压力管道、厂房和尾水渠等。

2. 有压引水式水电站

有压引水式水电站的主要特点是有较长的有压引水道，如有压隧洞或压力管道，引水建筑物中的水流是有压流。有压引水式水电站的主要建筑物有拦河坝、有压进水口、有压引水隧洞、调压室、压力管道、厂房和尾水渠等。

（三）混合式开发和混合式水电站

在一个河段上，同时采用筑坝和有压引水道共同集中落差的开发方式称为混合式开发。坝集中一部分落差后，再通过有压引水道集中坝后河段上另一部分落差，形成了电站的总水头。用坝和引水道集中水头的水电站称为混合式水电站。

混合式水电站适用于上游有良好坝址，适宜建库，而紧邻水库的下游河道突然变陡或河流有较大转弯的情况。这种水电站同时兼有坝式水电站和引水式水电站的优点。

混合式水电站和引水式水电站之间没有明确的分界线。严格说来，混合式水电站的水头是由坝和引水建筑物共同形成的，且坝一般构成水库。而引水式水电站的水头，只由引水建筑物形成，坝只起抬高上游水位的作用。但在工程实际中常将具有一定长度引水建筑物的混合式水电站统称为引水式水电站，而较少采用混合式水电站这个名称。

（四）抽水蓄能电站

随着国民经济的迅速发展以及人民生活水平的不断提高，电力负荷和电网日益扩大，电力系统负荷的峰谷差越来越大。

在电力系统中，核电站和火电站不能适应电力系统负荷的急剧变化，且受到技术最小出力的限制，调峰能力有限，而且火电机组调峰煤耗多，运行维护费用高。而水电站启动与停机迅速，运行灵活，适宜担任调峰、调频和事故备用负荷。

抽水蓄能电站不是为了开发水能资源向系统提供电能，而是以水体为储能介质，起调节作用。抽水蓄能电站包括抽水蓄能和放水发电两个过程，它有上下两个水库，用引水建筑物相连，蓄能电站厂房建在下水库处。在系统负荷低谷时，利用系统多余的电能带动泵站机组（电动机 + 水泵）将下库的水抽到上库，以水的势能形式储存起来；当系统负荷高峰时，将上库的水放下来推动水轮发电机组（水轮机 + 发电机）发电，以补充系统中电能的不足。

随着电力行业的改革，实行负荷高峰高电价、负荷低谷低电价后，抽水蓄能电站的经济效益将是显著的。抽水蓄能电站除了产生调峰填谷的静态效益外，还由于其特有的灵活性而产生动态效益，包括同步备用、调频、负荷调整、满足系统负荷急剧爬坡的需要、同步调相运行等。

（五）潮汐水电站

海洋水面在太阳和月球引力的作用下，发生一种周期性涨落的现象，称为潮汐。从涨潮到涨潮（或落潮到落潮）之间间隔的时间，即潮汐运动的周期（亦称潮期），约为 12h 又 25min。在一个潮汐周期内，相邻高潮位与低潮位间的差值，称为潮差，其大小受引潮力、地形和其他条件的影响因时因地而异，一般为数米。有了这样的潮差，就可以在沿海的港湾或河口建坝，构成水库，利用潮差所形成的水头来发电，这就是潮汐能的开发。据计算，世界海洋潮汐能蕴藏量约为 27×10^6MW，若全部转换成电能，每年发电量大约为 1.2 万亿 kW·h。

利用潮汐能发电的水电站称为潮汐水电站。潮汐电站多修建于海湾。其工作原理是修建海堤，将海湾与海洋隔开，并设泄水闸和电站厂房，然后利用潮汐涨落时海水位的升降，使海水流经水轮机，通过水轮机的转动带动发电机组发电。涨潮时外海水位高于内库水位，形成水头，这时引海水入湾发电；退潮时外海水位下降，低于内库水位，可放库中的水入海发电。海潮昼夜涨落两次，因此海湾每昼夜充水和放水也是两次。潮汐水电站可利用的水头为潮差的一部分，水头较小，但引用的海水流量可以很大，是一种低水头大流量的水电站。

潮汐能与一般水能资源不同，是取之不尽、用之不竭的。潮差较稳定，且不存在枯水年与丰水年的差别，因此潮汐能的年发电量稳定，但由于发电的开发成本较高和技术上的原因，所以发展较慢。

（六）无调节水电站和有调节水电站

水电站除按开发方式进行分类外，还可以按其是否有调节天然径流的能力而分为无调节水电站和有调节水电站两种类型。

无调节水电站没有水库，或虽有水库却不能用来调节天然径流。当天然流量小于电站能够引用的最大流量时，电站的引用流量就等于或小于该时刻的天然流量；当天然流量超过电站能够引用的最大流量时，电站最多也只能利用它所能引用的最大流量，超出的那部分天然流量只好弃水。

凡是具有水库，能在一定限度内按照负荷的需要对天然径流进行调节的水电站，统称为有调节水电站。根据调节周期的长短，有调节水电站又可分为日调节水电站、年调节水电站及多年调节水电站等，视水库的调节库容与河流多年平均年径流量的比值（称为库容系数）而定。无调节和日调节水电站又称径流式水电站。具有比日调节能力大的水库的水电站又称蓄水式水电站。

在前述的水电站中，坝后式水电站和混合式水电站一般都是有调节的；河床式水电站和引水式水电站则常是无调节的，或者只具有较小的调节能力，例如日调节。

第四节　水利泵站知识

一、泵站的主要建筑物

1. 进水建筑物：包括引水渠道、前池、进水池等。其主要作用是衔接水源地与泵房，其体型应有利于改善水泵进水流态，减少水力损失，为主泵创造良好的引水条件。

2. 出水建筑物：有出水池和压力水箱两种主要形式。出水池是连接压力管道和灌排干渠的衔接建筑物，起消能稳流作用。压力水箱是连接压力管道和压力涵管的衔接建筑物，起汇流排水的作用，这种结构形式适用于排水泵站。

3. 泵房：安装水泵、动力机和辅助设备的建筑物，是泵站的主体工程，其主要作用是为主机组和运行人员提供良好的工作条件。泵房结构形式的确定，主要根据主机组结构性能、水源水位变幅、地基条件及枢纽布置，通过技术经济比较，择优选定。泵房结构形式较多，常用的有固定式和移动式两种，下面分别介绍。

二、泵房的结构型式

（一）固定式泵房

固定式泵房按基础型式的特点又可分为分基型、干室型、湿室型和块基型四种。

1. 分基型泵房。泵房基础与水泵机组基础分开建筑的泵房。这种泵房的地面高于进水池的最高水位，通风、采光和防潮条件都比较好，施工容易，是中小型泵站最常采用的结构型式。

分基型泵房适用于安装卧式机组，且水源的水位变化幅度小于水泵的有效吸程，以保证机组不被淹没的情况。要求水源岸边比较稳定，地质和水文条件都比较好。

2. 干室型泵房。泵房及其底部均用钢筋混凝土浇筑成封闭的整体，在泵房下部形成一个无水的地下室。这种结构型式比分基型复杂，造价高，但可以防止高水位时，水通过泵房四周和底部渗入。

干室型泵房不论是卧式机组还是立式机组都可以采用，其平面形状有矩形和圆形两种，其立面上的布置可以是一层的或者多层的，视需要而定。这种型式的泵房适用于以下场合：水源的水位变幅大于泵的有效吸程；采用分基型泵房在技术和经济上不合理；地基承载能力较低和地下水位较高。设计中要校核其整体稳定性和地基应力。

3. 湿室型泵房。其下部有一个与前池相通并充满水的地下室的泵房。一般分两层，下层是湿室，上层安装水泵的动力机和配电设备，水泵的吸水管或者泵体淹没在湿室的水面以下。湿室可以起着进水池的作用，湿室中的水体重量可平衡一部分地下水的浮托力，增强了泵房的稳定性。口径 1m 以下的立式或者卧式轴流泵及立式离心泵都可以采用湿室型泵房。这种泵房一般都建在软弱地基上，因此对其整体稳定性应予以足够的重视。

4. 块基型泵房。用钢筋混凝土把水泵的进水流道与泵房的底板浇成一块整体，并作为基础的泵房。安装立式机组的这种泵房立面上按照从高到低的顺序可分为电机层、连轴层、水泵层和进水流道层。

水泵层以上的空间相当于干室型泵房的干室，可安装主机组、电气设备、辅助设备和管道等；水泵层以下进水流道和排水廊道，相当于湿室型泵房的进水池，进水流道设计成钟形或者弯肘形，以改善水泵的进水条件。从结构上看，块基型泵房是干室型和湿室型泵房的发展。由于这种泵房结构的整体性好，自身的重量大、抗浮和抗滑稳定性较好，它适用于以下情况：口径大于 1.2m 的大型水泵；需要泵房直接抵挡外河水压力；适用于各种地基条件。根据水力设计和设备布置确定这种泵房的尺寸之后，还要校核其抗渗、抗滑以及地基承载能力，确保在各种外力作用下，泵房不产生滑动倾倒和过大的不均匀沉降。

（二）移动式泵房

在水源的水位变化幅度较大，建固定式泵站投资大、工期长、施工困难的地方，应优先考虑建移动式泵站。移动式泵房具有较大的灵活性和适应性，没有复杂的水下建筑结构，但其运行管理比固定式泵站复杂。这种泵房可以分为泵船和泵车两种。

承载水泵机组及其控制设备的泵船可以用木材、钢材或钢丝网水泥制造。木制泵船的优点是一次性投资少、施工快，基本不受地域限制；缺点是强度低、易腐烂、防火效果差、使用期短、养护费高，且消耗木材多。钢船强度高，使用年限长，维护保养好的钢船使用寿命可达几十年，它没有木船的缺点；但建造费用较高，使用钢材较多。钢丝网水泥船具有强度高，耐久性好，节省钢材和木材，造船施工技术并不复杂，维修费用少，重心低，稳定性好，使用年限长等优点。

根据设备在船上的布置方式，泵船可以分为两种型式：将水泵机组安装在船甲板上面的上承式和将水泵机组安装在船舱底骨架上的下承式。泵船的尺寸和船身形状根据最大排水量条件确定，设计方法和原则应按内河航运船舶的设计规定进行。

选择泵船的取水位置应注意以下几点：河面较宽，水足够深，水流较平稳；洪水期不会漫坡，枯水期不出现浅滩；河岸稳定，岸边有合适的坡度；在通航和放筏的河道中，泵船与主河道有足够的距离防止撞船；应避开大回流区，以免漂浮物聚集在进水口，影响取水；泵船附近有平坦的河岸，作为泵船检修的场地。

泵车是将水泵机组安装在河岸边轨道上的车子内，根据水位涨落，靠绞车沿轨道升降小车改变水泵的工作高程的提水装置。其优点是不受河道内水流的冲击和风浪运动的影响，稳定性较泵船好，缺点是受绞车工作容量的限制，泵车不能做得太大，因而其抽水量较小。其使用条件如下：水源的水位变化幅度为 10 ~ 35m，涨落速度不大于 2m/h；河岸比较稳定，岸坡地质条件较好，且有适宜的倾角，一般以 10° ~ 30°为宜；河流漂浮物少，没有浮冰，不易受漂木、浮筏、船只的撞击；河段顺直，靠近主流；单车流量在 $1m^3/s$ 以下。

三、泵房的基础

（一）基础的埋置深度

基础的底面应该设置在承载能力较大的老土层上，填土层太厚时，可通过打桩、换土等措施加强地基承载能力。基础的底面应该在冰冻线以下，以防止水的结冰和融化。在地下水位较高的地区，基础的底面要设在最低地下水位以下，以避免因地下水位的上升和下降而增加泵房的沉降量和引起不均匀沉陷。

（二）基础的型式和结构

基础的型式和大小取决于其上部的荷载和地基的性质，须通过计算确定。泵房常用的基础有以下几种：

1. 砖基础。用于荷载不大、基础宽度较小、土质较好及地下水位较低的地基上，分基型泵房多采用这种基础。由墙和大方脚组成，一般砌成台阶形，由于埋在土中比较潮湿，须采用不低于 75 号的黏土砖和不低于 50 号的水泥砂浆砌筑。

2. 灰土基础。当基础宽度和埋深较大时，采用这种型式，以节省大方脚用砖。这种基础不宜做在地下水和潮湿的土中。由砖基础、大方脚和灰土垫层组成。

3. 混凝土基础。适合于地下水位较高，泵房荷载较大的情况。可以根据需要做成任何形式，其总高度小于 0.35m 时，截面常做成矩形；总高度在 0.35 ~ 1.0m 之间，用踏步形；基础宽度大于 2.0m，高度大于 1.0m 时，如果施工方便常做成梯形。

4. 钢筋混凝土基础。适用于泵房荷载较大，而地基承载力又较差和采用以上基础不经济的情况。由于这种基础底面有钢筋，抗拉强度较高，故其高宽比较前述基础小。

第二章　水利水电工程建设

第一节　水利工程建设的程序

一、水利工程建设的设计阶段划分工程建设程序

水利工程建设的设计阶段划分工程建设程序是指从设想、规划、设计、施工到竣工验收、投入生产运行整个建设过程中，各项工作必须遵循的先后次序。水利工程建设由于工作内容不同，其程序从开始到终结可分为不同的阶段。一般而言，可分为规划、设计、实施、运营四个阶段。世界银行贷款项目生命周期包括项目选定、项目准备、项目评估、项目谈判、项目执行、项目总结评价六个阶段。西方某些国家将投资项目分为投资前期、投资时期、投资回收期。我国水利行业和电力行业的设计阶段的划分略有不同，但主要内容均包含其中。如水利水电工程（水利行业）设计阶段一般分为项目建议书、可行性研究报告、初步设计、招标设计和施工图设计五个阶段；水电工程（电力行业）设计阶段划分为预可行性研究报告、项目建议书、可行性研究报告、招标设计、施工详图设计等阶段。以下内容以水电工程为例介绍各设计阶段的主要内容。

二、各设计阶段的主要内容

（一）预可行性研究的主要内容

水电工程预可行性研究报告的编制，应在江河流域综合利用规划或河流（河段）水电规划以及电网电源规划(以下统称规划)的基础上进行，贯彻国家有关方针、政策、法令，还应符合有关技术规程、规范的要求。

水电工程预可行性研究报告的主要内容与项目建议书阶段基本相同，但各项工作的深度不同，随着工作深度的增加要求更高、更具体。

水电工程预可行性研究报告的编制按概述、建设必要性及工程开发任务、水文、工程地质、工程规模、水库淹没、环境影响、枢纽工程、机电及金属结构、施工、投资估算及资金筹措设想和经济初步评价的顺序依次编排。

（二）项目建议书的主要内容

项目建议书是在预可行性研究之后的阶段性设计工作，在江河流域综合利用规划之后，或河流（河段）水电规划以及电网电源规划基础上进行的设计阶段。编制项目建议书须结合资源情况、建设布局等条件要求，经过调查、预测和分析，向国家计划部门或行业主管部门提出投资建设项目建议。项目建议书是基本建设程序中的一个重要环节，是国家选择项目的依据，项目建议书经批准后，将作为项目列入国家中长期经济发展计划，是开展可行性研究工作的依据。对拟建项目的社会经济条件进行调查和开展必要的水文、地质勘测工作，主要任务是论证拟建工程在国民经济发展中的必要性、技术可行性、经济合理性。

项目建议书的编制，按总则、项目建设的必要性和任务，建设条件、建设规模、主要建筑物布置、工程施工、淹没、占地处理、环境影响、水土保持、工程管理、投资估算及资金筹措、经济评价和结论与建议的顺序依次编排。主要研究内容包括：河流概况及水文气象等基本资料的分析；工程地质与建筑材料的评价；工程规模、综合利用及环境影响的论证；初步选择坝址、坝型与枢纽建筑物的布置方案；简述土地征用、移民专项设施内容；初拟主体工程的施工方法；进行施工总体布置、估算工程总投资；工程效益的分析和经济评价；等等。项目建议书阶段的成果，作为国家和有关部门做出投资决策及筹措资金的基本依据。

（三）可行性研究（含原有的初步设计阶段）的主要内容

项目建议书经批准后，应紧接着进行可行性研究。可行性研究阶段的主要设计内容包括：对水文、气象、工程地质以及天然建筑材料等基本资料做进一步分析与评价；论证该工程及主要建筑物的等级；进行水文水利计算，确定水库的各种特征水位及流量，选择电站的装机容量和主要机电设备；论证并选定坝址、坝轴线、坝型、枢纽总体布置及其他主要建筑物的结构形式和轮廓尺寸；选择施工导流方案，进行施工方法、施工进度和总体布置的设计，提出主要建筑材料、施工机械设备、劳动力、供水、供电的数量和供应计划；进行环境影响评价，提出水库移民安置规划，进行水土保持、水资源评价等专项工作；提出工程总概算；进行经济技术分析，阐明工程效益。最后要提交可行性研究的设计文件，包括文字说明和设计图纸及有关附件，并以《水利水电工程初步设计报告编制规程》（SL/T 619—2021）为准编制可行性研究报告。

编制可行性研究报告时，应对工程项目的建设条件进行调查和必要的勘测，在可靠资料的基础上进行方案比较，从技术、经济、社会、环境、土地征用及移民等方面进行全面分析论证，提出可行性评价。可行性研究报告阶段尚应进行环境影响评价、水土保持、水资源评价等专项审查。可行性研究报告经批准后是确定建设项目、编制初步设计文件的依据，可行性研究报告的主要内容与项目建议书阶段、预可行性研究报告基本相同，但各项工作的深度不同，要求也更高、更具体，这里不再列出。

可行性研究报告的编制按综合说明、水文、工程地质、工程任务和规模、工程选址、工程总布置及主要建筑物、机电及金属结构、工程管理、施工组织设计、水库淹没处理及工程永久占地、环境影响评价、工程投资估算和经济评价的顺序依次编排。

（四）招标设计的主要内容

招标设计是在批准的可行性研究报告的基础上，将确定的工程设计方案进一步具体化，详细定出总体布置和各建筑物的轮廓尺寸、材料类型、工艺要求和技术要求等。其设计深度要求做到可以根据招标设计图较准确地计算出各种建筑材料的规格、品种和数量，混凝土浇筑、土石方填筑和各类开挖、回填的工程量，各类机械、电气和永久设备的安装工程量等。根据招标设计图所确定的各类工程量和技术要求以及施工进度计划，监理工程师可以进行施工规划并编制出工程概算，作为编制标底的依据，编标单位则可以据此编制招标文件，包括合同的一般条款、特殊条款、技术规程和各项工程的工程量表，满足以固定单价合同形式进行招标的需要，施工招标单位，也可据此编制施工方案并进行投标报价。

（五）施工详图设计阶段

施工详图设计是在初步设计和投标设计的基础上，针对各项工程具体施工要求，绘制施工详图。施工详图设计的主要任务是：进行建筑物的结构和细部构造设计；进一步研究和确定地基处理方案；确定施工总体布置和施工方法，编制施工、进度计划和施工预算等；提出整个工程分项分部的施工、制造、安装详图；提出工艺技术要求；等等。施工详图是工程施工的依据。

在上述各阶段的设计中，必须有和各设计阶段精度相适应的勘测调查资料。这些资料包括：

1. 社会经济资料。包括：枢纽建成后库区的淹没范围及移民、房屋拆迁等；枢纽上下游的工业、农业、交通运输等方面的社会经济情况；供电对象的分布及用电要求；灌区分布及用水要求；通航、过木、过鱼等方面的要求；施工过程中的交通运输、劳动力、施工机械、动力等方面的供应情况。

2. 勘测资料。包括：水库和坝区地形图、水库范围内的河道纵断面图、拟建的建筑物地段的横断面图等；河道的水位、流量、洪水、泥沙等水文资料；库区及坝区的气温、降雨、蒸发、风向、风速等气象资料；岩层分布、地质构造、岩石及土壤性质、地震、天然建筑材料等的工程地质资料；地基透水层与不透水层的分布情况、地下水情况、地基渗透系数等水文地质资料。

需要指出的是，工程地质条件直接影响到水利枢纽和水工建筑物的安全，对整个枢纽造价和施工期限有决定性的影响。但是地质构造中的一些复杂问题，常由于勘探工作不足，而没有彻底查清，造成隐患。有些工程在地基开挖以后才发现地质情况复杂，需要进行的地基处理工作十分困难和昂贵，以致把工期一再延长；有的甚至被迫停工或放弃原定坝址，造成严重的经济损失。有些工程由于未发现库区的严重漏水问题，致使建成后影响水库蓄水。也有些工程由于库区或坝址的地质问题而失事，产生严重的后果。这些教训应引起对工程地质问题的足够重视。水文资料同样是十分重要的，如果缺乏可靠的水文资料或对资料缺乏正确的分析，就有可能导致对水利资源的开发在经济上不够合理。更严重的是有可能把坝的高度或泄洪能力设计得偏小，以致在运行期间洪水漫过坝顶，造成严重失事。对于多沙河流，如果对泥沙问题估计不足，就有可能在坝建成后不久便把水库淤满，使水库失去应有的作用。因此，枢纽设计必须十分重视各项基本资料。

科学试验往往是大中型水利枢纽设计的重要组成部分。枢纽中有许多重大技术问题常须通过现场或室内实验提出论证，才能得到解决。比如对枢纽布置方案、坝下消能方案以及施工导流方法等往往要进行水工水力学模型试验；多沙河流上的库区淤积和河床演变也要借助实验来分析研究；建筑物地基的岩体或土壤的物理力学性质，如抗剪强度、渗透特性、弹性模量、岩体弹性抗力、地应力、岸坡稳定性等要由现场勘探和室内试验配合提供设计数据；大坝和水电站厂房等主要建筑物的结构强度和稳定性有时也需要由静态和动态结构模型试验来加以分析论证。

三、水利水电工程概算

水利水电工程概算由工程部分、移民和环境部分构成。其中工程部分包括建筑工程、机电设备及安装工程、金属结构设备及安装工程、施工临时工程、独立费用；移民和环境部分包括水库移民征地补偿、水土保持工程、环境保护工程。其划分的各级项目执行《水利工程建设征地移民补偿投资概（估）算编制规定》《水利工程环境保护设计概（估）算编制规定》《水土保持工程概（估）算编制规定》。

工程概算文件由概算正件和概算附件两部分组成。概算正件和概算附件均应单独成册并随初步设计文件报审。

概算正件包括编制说明和工程部分概算表两部分。其中编制说明包括工程概况、投资主要指标、编制原则和依据、概算编制中其他应说明的问题、主要技术经济指标表、工程概算总表；工程部分概算表包括各类概算表及其附表。概算附件主要包括人工预算单价计算表，主要材料预算价格计算表，施工用电、水、风价格计算书，沙石料、混凝土材料单价计算书，建筑工程、安装工程单价表，价差预备费计算表等计算表或计算书。

工程总投资又分静态总投资和总投资。静态总投资为建筑工程、机电设备及安装工程、金属结构设备及安装工程、施工临时工程、独立费用投资及基本预备费之和。总投资为建筑工程、机电设备及安装工程、金属结构设备及安装工程、施工临时工程、独立费用、基本预备费、价差预备费、建设期融资利息之和，即静态总投资、价差预备费、建设期融资利息之和。

第二节 水利水电工程施工组织设计

水利水电工程施工组织设计一般包括施工条件及其分析、施工导流、料场的选择与开采、主体工程施工、施工交通运输、施工工厂设施、施工总布置、施工总进度、主要材料、设备供应分析等。

一、施工条件及其分析

施工条件包括工程条件、自然条件、物质资源供应条件以及社会经济条件等。如：工程所在地对外交通条件，上下游可以利用的场地面积和利用条件；选定方案枢纽建筑物的组成、形式、主要尺寸和工程量，工程的施工特点以及与其他有关单位的施工协调；施工期间通航、过木、供水、环保及其他特殊要求；主要建筑材料及工程施工中所用大宗材料的来源和供应条件；当地水源、电源的情况；一般洪、枯水季节的时段、各种频率的流量及洪峰流量、水位与流量关系、冬季冰凌情况及开河特性、洪水特征、施工区支沟各种频率洪水、泥石流以及上下游水利水电工程对本工程施工的影响；地形、地质条件以及气温、水温、地温、降水、冰冻层、冰情和雾的特性；承包市场的情况；国家、地方或部门对本工程施工准备、工期要求等。

施工条件分析须在简要阐明上述条件的基础上，着重分析它们对工程施工可能带来的影响和后果。

二、施工导流

施工导流设计应在综合分析导流条件的基础上，确定导流标准，划分导流时段，明确施工分期，选择导流方案、导流方式和导流建筑物，进行导流建筑物的设计，提出导流建筑物的施工安排，拟订截流、度汛、拦洪、排冰、通航、过木、下闸封堵、供水、蓄水、发电等计划。

三、料场的选择与开采

在料场选择时，根据详查要求分析混凝土骨料（天然和人工料）、石料、土料等各料场的分布、储量、质量、开采运输及加工条件、开采获得率和开挖弃淹利用率及其主要技术参数，进行混凝土和填筑料的设计和试验研究，通过技术经济比较选定料场。在料场开采时，经方案比较，提出选定料场的料物开采、运输、堆存、设备选择、加工工艺、废料处理、环境保护等设计；说明掺和料的料源选择，并附试验成果，提出选定的运输、储存和加工系统。

主体工程包括挡水、泄水、引水、发电、通航等主要建筑物，应根据各自的施工条件，对施工程序、施工方法、施工强度、施工布置、施工进度和施工机械等问题进行分析比较和选择。必要时，对其中的关键技术问题，如特殊的基础处理、大体积混凝土温度控制、坝体临时度汛、拦洪及特殊爆破、喷锚等问题做出专门的设计和论证。

对于有机电设备和金属结构安装任务的工程项目，应对主要机电设备和金属结构，如水轮发电机组、升压输变电设备、闸门、启闭设备等的加工、制作、运输、拼装、吊装以及土建工程与安装工程的施工顺序等问题做出相应的设计和论证。

四、施工交通运输

施工交通运输分对外交通运输和场内交通运输。

对外交通运输：原有对外水陆交通情况，包括线路状况、运输能力、近期拟建的交通设施、计划运营时间和水陆联运条件等资料；本工程对外运输总量、逐年运输量、平均昼夜运输强度以及重大部件的运输要求；选定方案的线路标准（包括新建或改建），说明转运站、桥涵、隧洞、渡口、码头、仓库和装卸设施的规划布置以及重大部件的运输措施，水陆联运及与国家干线的连接方案以及对外交通工程的施工进度安排；施工期间过坝交通运输方案。

场内交通运输：场内主要交通干线的运输量和运输强度；场内交通主要线路的规划、布置和标准；场内交通运输线路、工程设施和工程量。

五、施工工厂设施

施工工厂设施，如混凝土骨料开采加工系统，土石料场和土石料加工系统，混凝土拌和及制冷系统，机械修配系统，汽车修配厂，钢筋加工厂，预制构件厂的风、水、电、通信、照明系统，等等，均应根据施工的任务和要求，分别确定各自位置、规模、设备容量、生产工艺、工艺设备、平面布置、占地面积、建筑面积和土建安装工程量，提出土建安装进度和分期投产的计划。大型临建工程，如施工栈桥、过河桥梁、缆机平台等，要做出专门设计，确定其工程量和施工进度安排。

六、施工总布置

施工总布置的主要任务是根据施工场区的地形地貌、枢纽主要建筑物的施工方案、各项临建设施的布置要求，对施工场地进行分期、分区和分标规划，确定分期分区布置方案和各承包单位的场地范围，对土石方的开挖、堆料、弃料和填筑进行综合平衡，提出各类房屋分区布置一览表，估计用地和施工征地面积，提出用地计划，研究施工期间的环境保护和植被恢复的可能性。

七、施工总进度

施工总进度的安排必须符合国家对工程投产所提出的要求。为了合理安排施工进度，必须仔细分析工程规模、导流程序、对外交通、资源供应、临建准备等各项控制因素，拟定整个工程，包括准备工程、主体工程和结束工作在内的施工总进度，确定项目的起讫日期和相互之间的衔接关系；对导流截流、拦洪度汛、封孔蓄水、供水发电等控制环节，工程应达到的形象面貌，须做出专门的论证；对土石方、混凝土等主要工种的施工强度，对劳动力、主要建筑材料、主要机械设备的需用量，要进行综合平衡；要分析施工工期和工程费用的关系，提出合理工期的推荐意见。

八、主要材料、设备供应

根据施工总进度的安排和定额资料的分析，对主要建筑材料（如钢材、钢筋、木材、水泥、粉煤灰、油料、炸药等）和主要施工机械设备，列出总需要量和分年需要量计划。

根据上述各项的综合分析，进行施工组织设计，安排施工进度表，编制施工组织设计文件、施工详图等作为施工的依据。

第三节 水利工程施工导截流工程

一、施工导截流的设计标准

（一）导流设计标准

在建筑物的全部施工过程中，导流不仅贯穿始终，而且是整个水流控制问题的核心。所以在进行施工导流设计时，应根据工程的基本资料，拟定可能选用的导流方式，确定导流设计标准、划分导流时段，确定设计施工流量，着手导流方案布置，进行导流的水力计算，确定导流拦水和泄水建筑物的位置和尺寸，通过技术经济比较，选定技术上可靠、经济上合理的导流方案。

导流设计流量的大小取决于导流设计的洪水频率标准，通常也简称为导流设计标准。我国所采用的导流标准是根据现行《水利水电工程施工组织设计规范（试行）》（SDJ 338-89），按导流建筑物的保护对象、失事后果、使用年限和工程规模等指标，将导流建筑物划分为Ⅲ ~ Ⅴ级，再根据导流建筑物的级别和类型，在规定幅度内选定相应的洪水标准。

（二）截流设计标准

在施工过程中，为保证各个施工项目的顺利进行，根据水文、地质、建筑物类型、布置以及施工能力等，合理选择和确定截流日期和截流设计流量是极为重要的。截流日期的选择应该是既要把握截流时机，选择在最枯流量时段进行，又要为后续的基坑工作和主要建筑物施工留有余地，不致影响整个工程的施工进度。

截流日期多选在枯水期初，流量已有明显下降的时候，而不一定选在流量最小的时刻。为了估计在此时段内可能发生的水情，做好截流的准备，须选择合理的截流设计流量。

二、施工导截流方式

（一）施工导流及导流方式

在河流上修建水利水电工程时，为了使水工建筑物能在干地上进行施工，需要用围堰围护基坑，并将河水引向预定的泄水通道往下游宣泄（导流）。

水利水电工程施工中经常采用的围堰，按其所使用的材料，可以分为土石围堰、草土围堰、钢板桩格型围堰和混凝土围堰等。

按围堰与水流方向的相对位置，可以分为横向围堰和纵向围堰。

按导流期间基坑淹没条件，可以分为过水围堰和不过水围堰。过水围堰除需要满足一般围堰的基本要求外，还要满足堰顶过水的专门要求。

选择围堰型式时，必须根据当时当地的具体条件，通过技术经济比较加以选定。

导流的基本方法大体上可分为两类：一类是分段围堰法导流，水流分段围堰法亦称分期围堰法，就是用围堰将水工建筑物分段分期围护起来进行施工的方法。所谓分段，就是在空间上用围堰将建筑物分成若干施工段进行施工。

2. 全段围堰法导流

全段围堰法导流，就是在河床主体工程的上下游各建一道拦河围堰，使河水经河床以外的临时泄水道或永久泄水建筑物下泄主体工程建成或接近建成时，再将临时泄水道封堵。

在实际工作中，由于枢纽布置和建筑物形式的不同以及施工条件的影响，必须灵活应用，进行恰当的组合，才能比较合理地解决一个工程在整个施工期间的施工导流问题。

（二）截流及其方式

在施工导流中，截断原河床水流，才能最终把河水引向导流泄水建筑物下泄，在河床中全面开展主体建筑物的施工。截流实际上是在河床中修筑横向围堰工作的一部分。在大江大河中截流是一项难度比较大的工作。一般来说，截流施工的过程为：先在河床的一侧或两侧向河床中填筑截流戗堤，这种向水中筑堤的工作叫作进占。戗堤填筑到一定程度，把河床束窄，形成了流速较大的龙口。封堵龙口的工作称为合龙。在合龙开始以前，为了防止龙口河床或戗堤端部被冲毁，须采取防冲措施对龙口加固。合龙以后，龙口部位的戗堤虽已高出水面，但其本身依然漏水，因此须在其迎水面设置防渗设施。在戗堤全线上设置防渗设施的工作叫闭气。所以，整个截流过程包括戗堤的进占、龙口范围的加固、合龙和闭气等工作。截流以后，再在这个基础上对戗堤进行加高培厚，修成围堰。

截流在施工导流中占有重要的地位，如果截流不能按时完成，就会延误整个河床部分建筑物的开工日期；如果截流失败，失去了以水文年计算的良好截流时机，则可能拖延工期达一年。所以在施工导流中常把截流看作一个关键性问题，它是影响施工进度的控制性项目。

立堵法截流是将截流材料从龙口一端向另一端或从两端向中间抛进占，逐渐束窄龙口，直至全部拦断。

平堵法截流先要在龙口架设浮桥或栈桥，用自卸汽车沿龙口全线从浮桥或栈桥上均匀地逐层抛填截流材料，直至戗堤高出水面为止。

截流设计时，应根据施工条件，充分研究两种方法对截流工作的影响，通过试验研究和分析比较来选定。有的工程亦有先用立堵法进占，而后在小范围龙口内用平堵法截流，称为立平堵法。严格说来，平堵法都以立堵进占开始，而后平堵，类似立平堵法，不过立平堵法的龙口较窄。

截流戗堤一般是围堰堰体的一部分，截流是修建围堰的先决条件，也是围堰施工的第一道工序。如果截流不能按时完成，将制约围堰施工，直接影响围堰度汛的安全，并将延误永久建筑物的施工工期。

第四节　水利工程项目管理

一、水利工程项目管理的概念

（一）项目

所谓项目就是在一定的约束条件下，具有特定目标的一次性事业（或活动）。它具有三个特征。

1. 目标性

项目的目标分为成果性目标和约束性目标两类：前者是指活动的最终结果，如水利工程项目的库容、发电量、防洪能力、供水能力等；后者是指活动过程中的控制目标，包括费用目标、质量目标、时间目标等。后者为前者的基础。

2. 一次性或单件性

该特征是指项目活动从内容、过程到资源投入都是独一无二的，其结果也是唯一的。项目的这个特征可用以区别于其他诸如车间流水生产线等大批量的人类生产活动：此项特征作为项目最重要的特征，其目的在于要重视项目过程各阶段的目标设计与控制。

3. 系统性

项目的系统性表现在以下几个方面：①结构系统。任何一个项目都可以进行结构分解，例如水利水电工程可以逐级分解为许多单位工程、分部工程、分项工程、单元工程，直至每道工序。②目标系统。约束性目标可随结构分解而分解；项目的成果性目标之间也相互关联、相互制约，构成目标系统。③组织系统二项目一般由多个单位（组织）参与，每个单位的人员都通过“组织”的手段进行分工和管理。④过程系统。任何一个项目，从其产生到终结，都有其特定的过程。项目的过程由若干个连续的阶段组成，每一个阶段的结束即意味着下一个阶段的开始，或者说上一阶段是下一阶段的前提。

在人类的各项活动中，符合上述内涵和特征的“活动”是很多的。从不同的角度可以分为许多种类。

从项目成果的内容可分为：开发项目、科研项目、规划项目、建设工程项目、社会项目（如希望工程、申办奥运、社会调查、运动会、培训）等。

从项目所处的阶段可分为：筹建项目，规划、勘察、设计项目，施工项目，评价项目等。

从项目的效益类型可分为：生产经营性项目、有偿服务性项目、社会效益性项目。

从项目实施的内容可分为：土建项目、金属结构安装项目、技术咨询服务项目等。

从专业（行业）性质可分为：水利、电力、市政、交通、供水、人力资源开发、环境保护等项目。

从不同角度看，对工程建设项目还可分为新建、扩建、重建、迁建、恢复或维修等项目；按规模又可分为大型、中型、小型等项目。

对项目进行分类的目的，在于通过具体界定活动的内容及其目标，从而为规划、设计、施工、运行等过程实施管理奠定基础。

（二）项目管理

项目管理是指在项目生命周期内所进行的有效的规划、组织、协调、控制等系统的管理活动，其目的是在一定的约束条件下（如动工时间、质量要求、投资总额等）最优地实现项目目标。

项目管理的特征与项目的性质密切相关，主要有以下特性：

1. 目标明确

项目管理的最终目的就是高效率地实现预定的项目目标。项目目标是项目管理的出发点和归宿。它既是项目管理的中心，也是检验项目管理成败的标准。

2. 计划管理

项目管理应围绕其基本目标，针对每一项活动的期限、资源投入、质量水平做出详细规定，并在实施中加以控制、执行。

3. 系统管理

项目管理是一种系统管理方法，这是由项目的系统性所决定的。项目是一个复杂的开放系统，对项目进行管理，必须从系统的角度出发，统筹协调项目实施的全过程、全部目标和项目有关各方的活动。

4. 动态管理

由于项目人员和资源组织的临时性、项目内容的复杂性和项目影响因素的多变性，项目的执行计划应根据变化了的情况及时做出调整，围绕项目目标实施动态管理。

在项目管理发展的过程中，项目管理的内容也一直处于不断地更新和丰富中，其内涵也在不断地拓宽，并从管理的技能和手段上升为一门学科——项目管理学。从现代的观点来看，项目管理的内容涉及项目范围管理、项目时间管理、项目费用管理、项目质量管理、项目人力资源管理、项目沟通管理、项目风险管理、项目采购管理等。

二、工程项目建设管理

（一）项目法人责任制

法人是具有民事权利能力和民事行为能力，依法独立享有民事权利和承担民事义务的组织。法人是由法律创设的民事主体，是组织在法律上的人格化。实行项目法人责任制是适应发展社会主义市场经济，转换项目建设与经营体制，提高投资效益，实现我国建设管理模式与国际接轨，在项目建设与经营全过程中运用现代企业制度进行管理的一项具有战略意义的重大改革措施。

根据水利行业特点和建设项目不同的社会效益、经济效益和市场需求等情况，将建设项目划分为生产经营性、有偿服务性和社会公益性三类项目。新开工的生产经营性项目原则上都要实行项目法人责任制，其他类型项目应积极创造条件，实行项目法人责任制。

（二）招标投标制

招标投标是最富有竞争性的一种采购方式，能为采购者带来经济、质量、货物或服务。我国推行工程建设招标投标制是为了适应社会主义市场经济的需要，促使建筑市场各主体之间进行公平交易、平等竞争，以确保建设项目质量、建设工期和建设投资计划。

（三）建设监理制

建设监理是自 20 世纪 80 年代以来，随着对外开放和建设领域体制改革，从西方发达国家引进的一种新的建设项目管理模式，在建设单位和施工单位之间引入公正的、独立的第三方——监理单位，对工程建设的质量、工期和费用实施有效控制。建设监理的实施和建设监理制的建立对规范我国建筑市场、提高工程质量和项目投资效益具有重大的意义。水利部颁布的《水利工程建设监理规定》中明确确定，在我国境内的大中型水利工程建设项目必须实施建设监理。

三、工程（运行）管理

如前所述，水利建设项目分为三类：一是社会公益性项目，包括防洪、防潮、治涝等工程，投资以国家（包括中央和地方）为主，主要使用财政拨款（包括国家预算内投资、水利建设基金、国家农发基金、以工代赈等无偿使用资金），对有条件的经济发达地区亦可使用贷款进行建设。对此类项目，要明确具体的政府机构或社会公益机构作为责任主体，对项目建设的全过程负责并承担风险。二是有偿服务性项目，包括灌溉、水运等工程，投资以地方政府和受益部门、集体及农户为主，主要使用部门拨款、拨改贷、贴息贷款和农业开发基金，大型重点工程也可争取利用外资。三是生产经营性项目，包括城市、乡镇供水和以发电为主的水电站工程，按社会主义市场经济的要求，以受益地区或部门为投资主体，资金用贷款、发行债券或自筹解决。这一类项目必须实行项目法人责任制和资本金制度，资本金率按国家有关规定执行。

相应地，水管单位的性质也分为公益性、准公益性和经营性三类，其性质界定主要依据水利工程建成后的效益情况。若水管单位的效益主要是社会效益和环境效益，则属于公益性的；若水管单位的效益以经济效益为主，则属于经营性的；而以社会效益为主，同时可以获得一定的经济效益，但是其运行成本只能部分获得补偿的水管单位，属于准公益性的。

水管单位可以根据其职能进行细分，像工业及城市生活用水为主或带有水电装机的水库，效益普遍较好，可以作为经营性的单位，其资产可以界定为经营性资产，这部分水利资产最具吸引力。像农业供水的水库、灌区、受益范围明确的排灌站有经营的性质，但其服务价格由于受到服务对象的限制，通常称为有偿服务型单位。这类单位视经营情况效益有所差别，但是大部分由于水价偏低而难以维持，迫切需要通过产权改革来强化经营管理。以防洪为主的水库，受益范围不明显的大型排灌站、闸坝、堤防等以公益型职能为主，没有其他条件的，难以靠自身经营维持良性循环，其产权安排以公有产权为好。

水利公益性资产主要是依靠政府资金投入形成的，主要产生社会效益，本身并不给投资者带来直接经济效益，其运行维护的费用也主要依靠政府建立相应的补偿机制提供，非政府资金一般不会也不愿意投入其中。这部分资产的所有权基本上是国家的，它的产权改革不会涉及所有权，基本上是在承包经营范围内的选择。

水利经营性资产是讲求回报的，自身产生经济效益，以自身产生的经济效益来维持和发展。由于自身产生经济效益，在项目合适的情形下，非政府资金可以也愿意投资，它的产权改革可以涉及所有权的改变、流动和重组。因此，这一部分资产的产权改革可以选择的形式包括得就更为广泛，可以视具体情况在国有独资、股份制、股份合作制、租赁、承包经营、破产、拍卖等形式之间选择。

部分水利资产兼具公益性和经营性，应将公益性和经营性资产进行合理的界定和细分，依细分后的资产特性来进行选择。公益性部分仍属国家所有，并建立相应的补偿机制；经营性部分则可以采取灵活多样的产权组织形式。公益性和经营性难以准确界定和细分的，原则上视同于公益性资产。

第三章　土石坝施工

第一节　土的施工分级和可松性

一、土的工程性质

土的工程性质对土方工程的施工方法及工程进度影响很大。主要的工程性质有：密度、含水量、渗透性、可松性等。

（一）土的工程性质指标

1. 密度

土壤密度，就是单位体积土壤的质量。土壤保持其天然组织、结构和含水量时的密度称为自然密度。单位体积湿土的质量称为湿密度。单位体积干土的质量称为干密度。它是体现黏性土密实程度的指标，常用它来控制压实的质量。

2. 含水量

土的含水量表示土壤空隙中含水的程度，常用土壤中水的质量与干土质量的百分比表示。含水量的大小直接影响黏性土的压实质量。

3. 可松性

自然状态下的土经开挖后因变松散而使体积增大，这种性质称为土的可松性。土的可松性用可松性系数表示。

4. 自然倾斜角

自然堆积土壤的表面与水平面间所形成的角度，称为土的自然倾斜角。挖方与填方边坡的大小，与土壤的自然倾斜角有关。确定土体开挖边坡和填土边坡时应慎重考虑，重要的土方开挖，应通过专门的设计和计算确定稳定边坡。

（二）土的颗粒分类

根据土的颗粒级配或塑性指数，土可分为碎石类土、砂土和黏性土。按土的沉积年代，黏性土又可分为老黏性土、一般黏性土和新近沉积黏性土。按照土的颗粒大小，又可分为块石、碎石、砂粒等。

（三）土的松实关系

当自然状态的土挖松后，再经过人工或机械的碾压、振动，土可被压实。例如，在填筑拦河坝时，从土区取 $1m^3$ 的自然方，经过挖松运至坝体进行碾压后的实体方，就小于原 $1m^3$ 的自然方，这种性质叫作土的可缩性。

在土方工程施工中，经常有三种土方的名称，即自然方、松方、实体方。它们之间有着密切的关系。

（四）土的体积关系

土体在自然状态下由土粒（矿物颗粒）、水和气体三相组成。当自然土体松动后，气体体积（即孔隙）增大，若土粒数量不变，原自然土体积小于松动后的土体积；当经过碾压或振动后，气体被排出，则压实后的土体积小于自然土体积。

对于砾、卵石和爆破后的块碎石，由于它们的块度大或颗粒粗，可塑性远小于土粒，因而它们的压实方大于自然方。

当 $1m^3$ 的自然土体松动后，土体增大了，因而单位体积的质量变轻了；再经过碾压或振动，土粒紧密度增加，因而单位体积质量增大，即 $P_{实}<P_{松}<P_{实}$。$P_{松}$为开挖后的土体密度，$P_{自}$为未扰动的土体密度，$P_{实}$为碾压后的土体密度，单位均为 kg/m^3。

在土方工程施工中，设计工程量为压实后的实体方，取料场的储量是自然方。在计算压实工程的备料量和运输量时，应该将二者之间的关系考虑进去，并考虑施工过程中技术处理、要求，以及其他不可避免的各种损耗。

二、土的工程分级

土的工程分级按照十六级分类法，前Ⅰ～Ⅳ级称为土。同一级土中各类土壤的特征有着很大的差异。例如，坚硬黏土和含砾石黏土，前者含黏粒量（粒径 $< 0.05mm$）在 50% 左右，而后者含砾石量在 50% 左右。它们虽都属Ⅰ级土，但颗粒组成不同，开挖方法也不尽相同。

在实际工程中，对土壤的特性及外界条件应在分级的基础上进行分析研究，认真确定土的级别。

第二节 土石方开挖

开挖和运输是土方工程施工的两项主要过程，承担这两项过程施工的机械是各类挖掘机械、挖运组合机械和运输机械。

一、挖掘机械

挖掘机械的作用主要是完成挖掘工作，并将所挖土料卸在机身附近或装入运输工具中。挖掘机械按工作机构可分为单斗式和多斗式两类。

（一）单斗式挖掘机

1. 单斗式挖掘机的类型

单斗式挖掘机由工作装置、行驶装置和动力装置等组成。工作装置有正向铲、反向铲、索铲和抓铲等。工作装置可用钢索或液压操作。行驶装置一般为履带式或轮胎式。动力装置可分为内燃机拖动、电力拖动和复合式拖动等几种类型。

（1）正向铲挖掘机

该种挖掘机，由推压和提升完成挖掘，开挖断面是弧形，最适用于挖停机面以上的土方，也能挖停机面以下的浅层土方。由于稳定性好，铲土能力大，可以挖各种土料及软岩、岩渣进行装车。它的特点是循环式开挖，由挖掘、回转、卸土、返回构成一个工作循环，生产率的大小取决于铲斗大小和循环时间的长短。正向铲的斗容从 $5m^3$ 至几十立方米，工程中常用 1 ~ $4m^3$。基坑土方开挖常采用正面开挖，土料场及渠道土方开挖常用侧面开挖，还要考虑与运输工具的配合问题。

正向铲挖掘机施工时，应注意以下几点：为了操作安全，使用时应将最大挖掘高度、挖掘半径值减少 5% ~ 10%；在挖掘黏土时，工作面高度宜小于最大挖土半径时的挖掘高度，以防止出现土体倒悬现象；为了发挥挖掘机的生产效率，工作面高度应不低于挖掘一次即可装满铲斗的高度。

挖掘机的工作面称为掌子面，正向铲挖掘机主要用于停机面以上的掌子面开挖。根据掌子面布置的不同，正向铲挖掘机有不同的作业方式。

正向挖土，侧向卸土：挖掘机沿前进方向挖土，运输工具停在它的侧面装土（可停在停机面或高于停机面上）。这种挖掘运输方式在挖掘机卸土时，动臂回转角度很小，卸料时间较短，挖运效率较高，施工中应尽量布置成这种施工方式。

正向挖土，后方卸土：挖掘机沿前进方向挖土，运输工具停在它的后面装土。卸土时挖掘机动臂回转角度大，运输车辆须倒退对位，运输不方便，生产效率低。适用于开挖深度大、施工场地狭小的场合。

（2）反向铲挖掘机

反向铲挖掘机为液压操作方式时，适用于停机面以下土方开挖。挖土时后退向下，强制切土，挖掘力比正向铲挖掘机小，主要用于小型基坑、沟渠、基槽和管沟开挖。反向铲挖土时，可用自卸汽车配合运土，也可直接弃土于坑槽附近。由于稳定性及铲土能力均比正向铲差，只用来挖Ⅰ～Ⅱ级土，硬土要先进行预松。反向铲的斗容有 $0.5m^3$、$1.0m^3$、$1.6m^3$ 几种，目前最大斗容已超过 $3m^3$。

反向铲挖掘机工作方式分为以下两种：

①沟端开挖挖掘机停在基坑端部，后退挖土，汽车停在两侧装土。

②沟侧开挖。挖掘停在基坑的一侧移动挖土，可用汽车配合运土，也可将土卸于弃土堆。由于挖掘机与挖土方向垂直，挖掘机稳定性较差，而且挖土的深度和宽度均较小，故这种开挖方法只是在无法采用沟端开挖或不需将弃土运走时采用。

（3）索铲挖掘机。索铲挖掘机的铲斗用钢索控制，利用臂杆回转将铲斗抛至较远距离，回拉牵引索，靠铲斗自重下切装满铲斗，然后回转装车或卸土。由于挖掘半径、卸土半径、卸土高度较大，最适用于水下土砂及含水量大的土方开挖，在大型渠道、基坑及水下砂卵石开挖中应用广泛。开挖方式有沟端开挖和沟侧开挖两种。当开挖宽度和卸土半径较小时，用沟端开挖；当开挖宽度大，卸土距离远时，用沟侧开挖。

（4）抓铲挖掘机。抓铲挖掘机靠铲斗自由下落中斗瓣分开切入土中，抓取土料合瓣后提升，回转卸土。其适用于挖掘窄深型基坑或沉井中的水下淤泥，也可用于散粒材料装卸，在桥墩等柱坑开挖中应用较多。

2. 单斗式挖掘机生产率计算

施工机械的生产率是指它在一定时间内和一定条件下，能够完成的工程量。生产率可分为理论生产率、技术生产率和实用生产率。实用生产率是考虑了在生产中各种不可避免的停歇时间（如加燃料、换班、中间休息等）之后，所能达到的实际生产率。

可以看出，要想提高挖掘机的实用生产率，必须提高单位时间的循环次数和所装容量。为此可采取下述措施：加长中间斗齿长度，以减小铲土阻力，从而减少铲土时间；合并回转、升起、降落的操纵过程，采用卸土转角小的装车或卸土方式，以缩短循环时间；挖松散土料时，可更换大铲斗；加强机械的保养维修，保证机械正常运转；合理布置工作面，做好场地准备工作，使工作时间得以充分利用；保证有足够的运输工具并合理地组织好运输路线，使挖掘机能不断地进行工作。

（二）多斗式挖掘机

多斗式挖掘机是一种连续作业式挖掘机械，按构造不同，可分为链斗式和斗轮式两类。链斗式是由传动机械带动，固定在传动链条上的土斗进行挖掘的，多用于挖掘河滩及水下砂砾料；斗轮式是用固定在转动轮上的土斗进行挖掘的，多用于挖掘陆地上的土料。

1. 链斗式采砂船

链斗式采砂船，水利水电工程中常用的国产采砂船有 $120m^3$ 和 $250m^3$ 两种，采砂船是无自航能力的砂砾石采掘机械：当远距离移动时，需靠拖轮拖带；近距离移动时（如开采时移动），可借助船上的绞车和钢丝绳移动。其配合的运输工具一般采用轨距为 1435mm

和 762mm 的机车牵引矿斗车（河滩开采）或与砂驳船（河床水下开采）配合使用。

2. 斗轮式挖掘机

斗轮式挖掘机的斗轮装在可仰俯的斗轮臂上，斗轮上装有 7 ~ 8 个铲斗，当斗轮转动时，即可挖土，铲斗转到最高位置时，斗内土料借助自重卸到受料皮带机上，并卸入运输工具或直接卸到料堆上。斗轮式挖掘机的主要特点是斗轮转速较快，连续作业，因而生产率高。此外，斗轮臂倾角可以改变，且可回转 360°，因而开挖范围大，可适应不同形状工作面的要求。

二、挖运组合机械

挖运组合机械是指由一种机械同时完成开挖、运输、卸土任务，有推土机、铲运机及装载机。

（一）推土机

推土机在水利水电工程施工中应用很广，可用于平整场地、开挖基坑、推平填方、堆积土料、回填沟槽等。推土机的运距不宜超过 60 ~ 100m，挖深不宜大于 1.5 ~ 2.0m，填高不宜大于 2 ~ 3m。

推土机按安装方式可分为固定式和万能式两种，按操纵机构可分为索式及液压式两种，按行驶机构可分为轮胎式和履带式两种。

固定式推土机的推土器仅能升降，而万能式不仅能升降，还可在三个方向调整角度。固定式结构简单，应用广泛。索式推土机的推土器升降是利用卷扬机和钢索滑轮组进行的，升降速度较快，操作较方便，缺点是推土器不能强制切土，推硬土有困难。液压式推土机升降是利用液压装置来进行控制的，因而可以强制切土，但提升高度和速度不如索式，由于液压式推土机具有重量轻、构造简单、操作容易、震动小、噪声低等特点，应用较为广泛。

推土机的开行方式基本上是穿梭式的。为了提高推土机的生产率，应力求减少推土器两侧的散失土料，一般可采用槽行开挖、下坡推土、分段铲土、集中推运及多机并列推土等方法。

（二）铲运机

铲运机是一种能铲土、运土和填土的综合性土方工程机械：它一次能铲运几立方米到几十立方米的土方，经济运距达几百米。铲运机能开挖黏性土和砂卵石，多用于平整场地、开采土料、修筑渠道和路基以及软基开挖等。

铲运机按操纵系统分为索式和液压式两种，按牵引方式分为拖行式和自行式两种，按卸土方式分为自由卸土、强制卸土和半强制卸土三种。

（三）装载机

装载机是一种工作效率高、用途广泛的工程机械，它不仅可对堆积的松散物料进行装、运、卸作业，还可以对岩石、硬土进行轻度的铲掘工作，并能用于清理、刮平场地及牵引作业。如更换工作装置，还可完成堆土、挖土、松土、起重及装载棒状物料等工作，因此被广泛应用。

装载机按行走装置可分为轮胎式和履带式两种，按卸载方式可分为前卸式、后卸式和回转式三种，按铲斗的额定重量可分为小型（< 1t）、轻型（1 ~ 3t）、中型（4 ~ 8t）、重型（> 10t）四种。

三、运输机械

水利工程施工中，运输机械有无轨运输、有轨运输和皮带机运输等。

（一）无轨运输

在我国水利水电工程施工中，汽车运输因其操纵灵活、机动性大，能适应各种复杂的地形，已成为最广泛采用的运输工具。

土方运输一般采用自卸汽车。目前常用的车型有上海、黄河、解放、斯太尔和卡特等。随着施工机械化水平的不断提高，工程规模愈来愈大，国内外都倾向于采用大吨位重型和超重型自卸汽车，其载重量可达 60 ~ 100t 以上。

对于车型的选择方面，自卸汽车车厢容量，应与装车机械斗容相匹配。一般自卸汽车容量为挖装机械斗容的 3 ~ 5 倍较适合。汽车容量太大，其生产率就会降低，反之挖装机械生产率降低。

对于施工道路，要求质量优良。加强经常性养护，可提高汽车运输能力和延长汽车使用年限；汽车道路的路面应按工程需要而定，一般多为泥结碎石路面，运输量及强度大的可采用混凝土路面。对于运输线路的布置，一般是双线式和环形式，应依据施工条件、地形条件等具体情况确定，但必须满足运输量的要求。

（二）有轨运输

水利水电工程施工中所用的有轨运输，除巨型工程以外，其他工程均为窄轨铁路。窄轨铁路的轨距有 1 000mm、762mm、610mm 几种。轨距为 1 000mm 和 762mm，窄轨铁路的钢轨质量为 11 ~ 18kg/m，其上可行驶 $3m^3$、$6m^3$、$15m^3$ 的可倾翻的车厢，用机车牵引。轨距 610mm 的钢轨质量为 8kg/m，其上可行驶 1.5 ~ $1.6m^3$ 可倾翻的铁斗车，可用人力推运或电瓶车牵引。

铁路运输的线路布置方式，有单线式、单线带岔道式、双线式和环形式四种。线路布置及车型应根据工程量的大小、运输强度、运距远近以当地地形条件来选定。需要指出的是，随着大吨位汽车的发展和机械化水平的提高，目前国内水电工程一般多采用无轨运输方式，仅在一些有特殊条件限制的情况下才考虑采用有轨运输（如小断面隧洞开挖运输）。若选用有轨运输，为确保施工安全，工人只许推车不许拉车，两车前后应保持一定的距离。当坡度为小于 0.5% 的下坡道时，不得小于 10m；当坡度为大于 0.5% 的下坡道或车速大于 3m/s 时，不得小于 30m。每一个工人在平直的轨道上只能推运重车一辆。

（三）皮带机运输

皮带机是一种连续式运输设备，适用于地形复杂、坡度较大、通过地形较狭窄和跨越深沟等情况，特别适用于运输大量的粒状材料。

按皮带机能否移动，可分为固定式和移动式两种。固定式皮带机，没有行走装置，多用于运距长而路线固定的情况。移动式皮带机则有行走装置，一般长 5 ~ 15m，移动方便，适用于需要经常移动的短距离运输。按承托带条的托辊分，有水平和槽形两种形式，一般常用槽形。皮带宽度有 300mm、400mm、500mm、650mm、800mm、1 000mm、1 200mm、1 400mm、1 600mm 等。其运行速度一般为 1 ~ 2.5m/s。

第三节　土料压实

一、影响土料压实的因素

土料压实的程度主要取决于机具能量（压实功）、碾压遍数、铺土的厚度和土料的含水量等。

土料是由土粒、水和空气三相体组成的。通常固相的土粒和液相的水是不会被压缩的，土料压实就是将被水包围的细土颗粒挤压填充到粗土粒间的孔隙中去，从而排走空气，使土料的孔隙率减小，密实度提高。一般来说，碾压遍数越多，则土料越密实，当碾压到接近土料的极限密度时，再进行碾压，那时起的作用就不明显了。

在同一碾压条件下，土的含水量对碾压质量有直接的影响。当土具有一定含水量时，水的润滑作用使土颗粒间的摩擦阻力减小，从而使土易于压实。但当含水量超过某一限度时，土中的孔隙全由水来填充而呈饱和状态，反而使土难以压实。

二、土料压实方法、压实机械及其选择

（一）压实方法

土料的物理力学性能不同，压实时要克服的压实阻力也不同。黏性土的压实主要是克服土体内的凝聚力，非黏性土的压实主要是克服颗粒间的摩擦力。压实机械作用于土体上的外力有静压碾压、振动碾压和夯击三种。

静压碾压：作用在土体上的外荷不随时间而变化；振动碾压：作用在土体上的外力随时间做周期性的变化；夯击：作用在土体上的外力是瞬间冲击力，其大小随时间而变化。

（二）压实机械

在碾压式的小型土坝施工中，常用的碾压机具有平碾、肋形碾，也有用重型履带式拖拉机作为碾压机具使用的。碾压机具主要是靠沿土面滚动时碾滚本身的重量，在短时间内对土体产生静荷重作用，使土粒互相移动而达到密实。

1. 平碾

平碾的钢铁空心滚筒侧面设有加载孔，加载大小根据设计要求而定，平碾碾压质量差、效率低，较少采用。

2. 肋形碾

肋形碾一般采用钢筋混凝土预制。肋形碾单位面积压力较平碾大，压实效果比平碾好，用于黏性土的碾压。

3. 羊脚碾

羊脚碾的碾压滚筒表面设有交错排列的羊脚。钢铁空心滚筒侧面设有加载孔，加载大小根据设计要求而定。

羊脚碾的羊脚插入土中，不仅使羊脚底部的土体受到压实，而且使其侧向土体受到挤压，从而达到均匀压实的效果。碾筒滚动时，表层土体被翻松，有利于上下层间结合。但对于非黏性土，由于插入土体中的羊脚使无黏性颗粒产生向上和侧向的移动，由此会降低压实效果，所以羊脚碾不适用于非黏性土的压实。

羊脚碾压实有两种方式：圈转套压和进退错距。后种方式压实效果较好。羊脚碾的碾压遍数，可按土层表面都被羊脚压过一遍即可达到压实要求考虑。

4. 气胎碾

气胎碾是一种拖式碾压机械，分单轴和双轴两种。单轴气胎碾主要由装载荷载的金属车厢和装在轴上的 4 ~ 6 个充气轮胎组成。碾压时，在金属车厢内加载同时将气胎充气至设计压力。为避免气胎损坏，停工时用千斤顶将金属车厢顶起，并把胎内的气放出一些。

气胎碾在压实土料时，充气轮胎随土体的变形而发生变形。开始时，土体很松，轮胎的变形小，土体的压缩变形大。随着土体压实密度的增大，气胎的变形也相应增大，气胎与土体的接触面积也增大，这样始终能保持较均匀的压实效果。另外，还可通过调整气胎内压，来控制作用于土体上的最大应力，使其不致超过土料的极限抗压强度。增加轮胎上的荷重后，由于轮胎的变形调节，压实面积也相应增加，所以平均压实应力的变化并不大。因此，气胎的荷重可以增加到很大的数值。对于平碾和羊脚碾，由于碾滚是刚性的，不能适应土壤的变形，荷载过大就会使碾滚的接触应力超过土壤的极限抗压强度，而使土壤结构遭到破坏。

气胎碾既适宜于压实黏性土，又适宜于压实非黏性土，适用条件好，压实效率高，是一种十分有效的压实机械。

5. 振动碾

振动碾是一种振动和碾压相结合的压实机械。它是由柴油机带动与机身相连的轴旋转，使装在轴上的偏心块产生旋转，迫使碾滚产生高频振动。振动功能以压力波的形式传递到土体内。非黏性土料在振动作用下，内摩擦力迅速降低，同时由于颗粒不均匀，振动过程中粗颗粒质量大、惯性力大，细颗粒质量小、惯性力小。粗细颗粒由于惯性力的差异而产生相对移动，细颗粒因此填入粗颗粒间的空隙，使土体密实。而对于黏性土，由于土粒比较均匀，在振动作用下，不能取得像非黏性土那样的压实效果。

6. 蛙夯

夯击机械是利用冲击作用来压实土方的，具有单位压力大、作用时间短的特点，既可用来压实黏性土，也可用来压实非黏性土。蛙夯由电动机带动偏心块旋转，在离心力的作用下带动夯头上下跳动而夯击土层。夯击作业时各夯之间要套压。一般用于施工场地狭窄、碾压机械难以施工的部位。

以上碾压机械碾压实土料的方法有两种：圈转套压法和进退错距法。

（1）圈转套压法

碾压机械从填方一侧开始，转弯后沿压实区域中心线另一侧返回，逐圈错距，以螺旋形线路移动进行压实。这种方法适用于碾压工作面大、多台碾具同时碾压的情况，生产效率高。但转弯处重复碾压过多，容易引起超压剪切破坏，转角处易漏压，难以保证工程质量。

（2）进退错距法

碾压机械沿直线错距进行往复碾压。这种方法操作简单，容易控制碾压参数，便于组织分段流水作业，漏压重压少，有利于保证压实质量。此法适用于工作面狭窄的情况。

由于振动作用，振动碾的压实影响深度比一般碾压机械大 1 ~ 3 倍，可达 1m 以上。它的碾压面积比振动夯、振动器压实面积大，生产率高。振动碾压实效果好，从而使非黏性土料的相对密实度大为提高，坝体的沉陷量大幅度降低，稳定性明显增强，使土工建筑物的抗震性能大为改善。故抗震规范明确规定，对有防震要求的土工建筑物必须用振动碾压实。振动碾结构简单，制作方便，成本低廉，生产率高，是压实非黏性土石料的高效压实机械。

（三）压实机械的选择

选择压实机械主要考虑如下原则：

1. 适应筑坝材料的特性。黏性土应优先选用气胎碾、羊脚碾；砾质土宜用气胎碾、夯板；堆石与含有特大粒径的砂卵石宜用振动碾。

2. 应与土料含水量、原状土的结构状态和设计压实标准相适应。对含水量高于最优含水量 1% ~ 2% 的土料，宜用气胎碾压实；当重黏土的含水量低于最优含水量，原状土天然密度高并接近设计标准时，宜用重型羊脚碾、夯板；当含水量很高且要求压实标准较低时，黏性土也可选用轻型的肋形碾、平碾。

3. 应与施工强度大小、工作面宽窄和施工季节相适应。气胎碾、振动碾适用于生产要求强度高和抢时间的雨季作业；夯击机械宜用于坝体与岸坡或刚性建筑物的接触带、边角和沟槽等狭窄地带。冬季作业则选择大功率、高效能的机械。

4. 应与施工单位现有机械设备情况和习用某种设备的经验相适应。

三、压实参数的选择及现场压实试验

（一）压实标准

土石坝的压实标准是根据设计要求通过试验提出来的。对于黏性土，在施工现场是以干密度作为压实指标来控制填方质量的。对于非黏性土则以土料的相对密度来控制。由于在施工现场用相对密度来进行施工质量控制不方便，因此往往将相对密度换算成干密度，以作为现场控制质量的依据。

（二）压实参数的选择

当初步选定压实机具类型后，即可通过现场碾压试验进一步确定为达到设计要求的各项压实参数。对于黏性土，主要是确定含水量、铺土厚度和压实遍数。对于非黏性土，一般多加水可压实，所以主要是确定铺土厚度和压实遍数。

（三）碾压试验

根据设计要求和参考已建工程资料，可以初步确定压实参数，并进行现场碾压试验。

（四）碾压试验成果整理分析

根据上述碾压试验成果，进行综合整理分析，以确定满足设计干密度要求的最合理碾压参数，步骤如下：

1. 根据干密度测定成果表，绘制不同铺土厚度、不同压实遍数土料含水量和干密度的关系曲线。

2. 查出最大干密度对应的最优含水量，填入最大干密度与最优含水量汇总表。

3. 根据表绘制出铺土厚度、压实遍数和最优含水量、最大干密度的关系曲线。

对于非黏性土料的压实试验，也可用上述类似的方法进行，但因含水量的影响较小，可以不做考虑。根据试验成果，按不同铺土厚度绘制干密度（或相对密度）与压实遍数的关系曲线，然后根据设计干密度（或相对密度）即可由曲线查得在某种铺土厚度情况下所需的压实遍数，再选择其中压实工作量最小的，即仍以单位压实遍数的压实厚度最大者为经济值，取其铺土厚度和压实遍数作为施工的依据。

选定经济压实厚度和压实遍数后，应首先核对是否满足压实标准的含水量要求，然后将选定的含水量控制范围与天然含水量比较，看是否便于施工控制，否则可适当改变含水量和其他参数。有时对同一种土料采用两种压实机具、两种压实遍数是最经济合理的。

第四节　碾压式土石坝施工

一、坝基与岸坡处理

坝基与岸坡处理工程为隐蔽工程，必须按设计要求并遵循有关规定认真施工。

清理坝基、岸坡和铺盖地基时，应将树木、草皮、树根、乱石、坟墓以及各种建筑物等全部清除，并认真做好水井、泉眼、地道、洞穴等处理。坝基和岸坡表层的粉土、细砂、淤泥、腐殖土、泥炭等均应按设计要求和有关规定清除。对于风化岩石、坡积物、残积物、滑坡体等，应按设计要求和有关规定处理。

坝基岸坡的开挖清理工作，宜自上而下一次完成。对于高坝可分阶段进行。凡坝基和岸坡易风化、易崩解的岩石和土层，开挖后不能及时回填者，应留保护层，或喷水泥砂浆或喷混凝土保护。防渗体、反滤层和均质坝体与岩石岸坡接合，必须采用斜面连接，不得有台阶、急剧变坡及反坡。对于局部凹坑、反坡以及不平顺岩面，可用混凝土填平补齐，使其达到设计坡度。

防渗体或均质坝体与岸坡接合，岸坡应削成斜坡，不得有台阶、急剧变坡及反坡。岩石开挖清理坡度不陡于 1 ∶ 0.75，土坡不陡于 1 ∶ 1.15。防渗体部位的坝基、岸坡岩面开挖，应采用预裂、光面等控制爆破法，使开挖面基本平顺。必要时可预留保护层，在开始填筑前清除。人工铺盖的地基按设计要求清理，表面应平整压实。砂砾石地基上，必须按设计要求做好反滤过渡层。坝基中软黏土、湿陷性黄土、软弱夹层、中细砂层、膨胀土、岩溶构造等，应按设计要求进行处理。天然黏性土岸坡的开挖坡度，应符合设计规定。

对于河床基础，当覆盖层较浅时，一般采用截水墙（槽）处理。截水墙（槽）施工受地下水的影响较大，因此必须注意解决不同施工深度的排水问题，特别注意防止软弱地基的边坡受地下水影响引起塌坡。对于施工区内的裂隙水或泉眼，在回填前必须认真处理。

土石坝用料量很大，在坝型选择阶段应对土石料场全面调查，在施工前还应结合施工组织设计，对料场做进一步勘探、规划和选择。料场的规划包括空间、时间、质与量等方面的全面规划。

空间规划，是指对料场的空间位置、高程进行恰当选择，合理布置。土石料场应尽可能靠近大坝，并有利于重车下坡。用料时，原则上低料低用、高料高用，以减少垂直运输。最近的料场一般也应在坝体轮廓线以外 300m 以上，以免影响主体工程的防渗和安全。坝的上下游、左右岸最好都有料场，以利于各个方向同时向大坝供料，保证坝体均衡上升。料场的位置还应利于排除地表水和地下水，对土石料场也应考虑与重要建筑物和居民点保持足够的防爆、防震安全距离。

时间规划，是指料场的选择要考虑施工强度、季节和坝前水位的变化。在用料规划上力求做到近料和上游易淹的料场先用，远料和下游不易淹的料场后用；含水量高的料场旱季用，含水量低的料场雨季用。上坝强度高时充分利用运距近、开采条件好的料场，上坝强度低时用运距远的料场，以平衡运输任务。在料场使用计划中，还应保留一部分近料场，供合龙段填筑和拦洪度汛施工高峰时使用。

料场质与量的规划，是指对料场的质量和储量进行合理规划。料场的质与量是决定料场取舍的前提。在选择和规划使用料场时，应对料场的地质成因、产状、埋深、储量及各种物理力学性能指标进行全面勘探和试验，选用料场应满足坝体设计施工的质量要求。

料场规划时还应考虑主要料场和备用料场。主要料场，是指质量好、储量大、运距近的料场，且可常年开采；备用料场一般设在淹没区范围以外，以便当主要料场被淹没或因库水位抬高而导致土料过湿或其他原因不能使用时使用备用料场，保证坝体填筑的正常进行。主要料场总储量应为设计总强度的 1.5 ~ 2.0 倍，备用料场的储量应为主要料场的 20% ~ 30%。

此外，为了降低工程成本，提高经济效益，还应尽量充分利用开挖料作为大坝填筑材料。当开挖时间与上坝填筑时间不相吻合时，则应考虑安排必要的堆料场加以储备。

二、土石料挖运组织

（一）综合机械化施工的基本原则

土石坝施工，工程量很大，为了降低劳动强度，保证工程质量，有必要采用综合机械化施工。组织综合机械化施工的原则如下：

1. 确保主要机械发挥作用

主要机械是指在机械化生产线中起主导作用的机械。充分发挥它的生产效率，有利于加快施工进度，降低工程成本。如土方工程机械化施工过程中，施工机械组合为挖掘机、自卸汽车、推土机、振动碾。挖掘机为主要机械，其他为配套机械，挖掘机如出现故障或工效降低，会导致停产或施工强度下降。

2. 根据机械工作特点进行配套组合

连续式开挖机械和连续式运输机械配合，循环式开挖机械和循环式运输机械配合，形成连续生产线。否则，需要增加中间过渡设备。

3. 充分发挥配套机械作用

选择配套机械，确定配套机械的型号、规格和数量时，其生产能力要略大于主要机械的生产能力，以保证主要机械的生产能力。

4. 便于机械使用、维修管理

选择配套机械时，尽量选择一机多能型，减少衔接环节。同一种机械力求型号单一，便于维修管理。

5. 合理布置、加强保养、提高工效

严格执行机械保养制度，使机械处于最佳状态，合理布置工作面和运输道路。

目前，一般在中小型的工程中，多数不能实现综合机械化施工，而采用半机械化施工，在配合时也应根据上述原则结合现场具体情况，合理组织施工。

（二）挖运方案及其选择

1. 人工开挖，马车、拖拉机、翻斗车运土上坝。人工挖土装车，马车运输，距离不宜大于1km；拖拉机、翻斗车运土上坝，适宜运距为2 ~ 4km，坡度不宜大于0.5% ~ 1.5%。

2. 挖掘机挖土装车，自卸汽车运输上坝。正向铲开挖、装车，自卸汽车运输直接上坝，通常运距小于10km。自卸汽车可运各种坝料，运输能力高，设备通用性强，能直接铺料，转弯半径小，爬坡能力较强，机动灵活，使用管理方便，设备易于获得。目前，国内外土石施工普遍采用自卸汽车。

3. 在施工布置上，正向铲一般采用立面开挖，汽车运输道路可布置成循环路线，装料时采用侧向掌子面，即汽车鱼贯式的装料与行驶。这种布置形式可避免汽车的倒车时间和挖掘机的回转时间，生产率高，能充分发挥正向铲与汽车的效率。

4. 挖掘机挖土装车，胶带机运输上坝。胶带机的爬坡能力强、架设简易，运输费用较低，运输能力也较大，适宜运距小于10km。胶带机可直接从料场运输上坝；也可与自卸汽车配合，做长距离运输，在坝前经漏斗卸入汽车转运上坝；或与有轨机车配合，用胶带机转运上坝做短距离运输。

5. 斗轮式挖掘机挖土装车，胶带机运输上坝。该方案具有连续生产，挖运强度高，管理方便等优点。陕西石头河水库土石坝施工采用该挖运方案。

6. 采砂船挖土装车，机车运输，转胶带机上坝。在国内一些大中型水电工程施工中，广泛采用采砂船开采水下的砂砾料，配合有轨机车运输。当料场集中，运输量大，运距大于10km时，可用有轨机车进行水平运输。有轨机车的临建工程量大，设备投资较高，对线路坡度和转弯半径要求也较高，不能直接上坝，在坝脚经卸料装置转胶带机运土上坝。

总之，在选择开挖运输方案时，应根据工程量大小、土料上坝强度、料场位置与储量、土质分布、机械供应条件等综合因素，进行技术上和经济上的分析，之后确定经济合理的挖运方案。

（三）挖运强度与设备

分期施工的土石坝，应根据坝体分期施工的填筑强度和开挖强度来确定相应的机械设备容量。

为了充分发挥自卸汽车的运输能效，应根据挖掘机械的斗容选择具有适宜容量的汽车型号。挖掘机装满一车斗数的合理范围应为3 ~ 5斗，通常要求装满一车的时间不超过3.5 ~ 4min，卸车时间不超过2min。

三、坝面作业与施工质量控制

（一）坝面作业施工组织

坝面作业包括铺土、平土、洒水或晾晒（控制含水量）、压实、刨毛（平碾碾压）、修整边坡、修筑反滤层和排水体及护坡、质量检查等工序。坝体土方填筑的特点是：作业面狭窄，工种多，工序多，机具多，施工干扰大。若施工组织不当，将产生干扰，造成窝工，影响工程进度和施工质量。为了避免施工干扰，充分发挥各不同工序施工机械的生产效率，一般采用流水作业法组织坝面施工。

采用流水作业法组织施工时，首先根据施工工序将坝面划分成几个施工段，然后组织各工种的专业队依次进入所划分的施工段施工。对同一施工段而言，各专业队按工序依次连续进行施工；对各专业队，则不停地轮流在各个施工段完成本专业的施工工作。施工队作业专业化，有利于工人技术的熟练和提高，同时在施工过程中也保持了人、地、机具等施工资源的充分利用，避免了施工干扰和窝工。各施工段面积的大小取决于各施工期土料上坝的强度。

（二）坝面填筑施工要求

1. 基本要求

铺料宜沿坝轴线方向进行，铺料应及时，严格控制铺土厚度，不得超厚。防渗体土料应用进占法卸料，汽车不应在已压实土料面上行驶。砾质土、风化料、掺和土可视具体情况选择铺料方式。汽车穿越防渗体路口段时，应经常更换位置，每隔 40 ~ 60m 宜设专用道口，不同填筑层路口段应交错布置，对路口段超压土体应予以处理。防渗体分段碾压时，相邻两段交接带碾迹应彼此搭接，垂直碾压方向搭接带宽度应不小于 0.3 ~ 0.5m，顺碾压方向搭接带宽度应为 1 ~ 1.5m。平土要求厚度均匀，以保证压实质量，对于自卸汽车或皮带机上坝，由于卸料集中，多采用推土机或平土机平土。斜墙坝铺筑时应向上游倾斜 1% ~ 2%的坡度，对均质坝、心墙坝，应使坝面中部凸起，向上下游斜 1% ~ 2%的坡度，以便排除雨水。铺填时土料要平整，以免雨后积水，影响施工。

2. 心墙、斜墙、反滤料施工

心墙施工中，应注意使心墙与砂壳平衡上升。心墙上升快，易干裂影响质量；砂壳上升太快，则会造成施工困难。因此，要求在心墙填筑中应保持同上下游反滤料及部分坝壳平起，骑缝碾压。为保证土料与反滤料层次分明，可采用土砂平起法施工。根据土料与反滤料填筑先后顺序的不同，又分为先土后砂法和先砂后土法。

先砂后土法。即先铺反滤料，后铺土料。当反滤料宽度较小 3m 时，铺一层反滤料，填二层土料，碾压反滤料并骑缝压实与土料的结合带。因先填砂层与心墙填土收坡方向相反，为减少土砂交错宽度，碧口、黑河等坝在铺第二层土料前，采用人工将砂层沿设计线补齐。对于高坝，反滤层宽度较大，机械铺设方便，反滤料铺层厚度与土料相同，平起铺料和碾压。如小浪底斜心墙，下游侧设两级反滤料，一级（20 ~ 0.1mm）宽 6m，二级（60 ~ 5mm）宽 4m，上游侧设一级反滤料（60 ~ 0.1mm）宽 4m。先砂后土法由于土料填筑有侧限，施工方便，工程较多采用。

先土后砂法。即先铺土料，后铺反滤料，齐平碾压。由于土料压实时，表面高于反滤料，土料的卸、铺、平、压都是在无侧限的条件下进行的，很容易形成超坡。采用羊脚碾压实时，要预留 30 ~ 50cm 松土边，避免土料被羊脚碾插入反滤层内。当连续晴天时，土料上升较快，应注意防止土体干裂。

对于塑性斜墙坝施工，则宜待坝壳修筑到一定高程甚至达到设计高程后，再行填筑斜墙土料，以便使坝壳有较大的沉陷，避免因坝壳沉陷不均匀而造成斜墙裂缝现象。斜墙应留有余量（0.3 ~ 0.5m），以便削坡，已筑好的斜墙应立即在其上游面铺好保护层防止干裂，保护层应随斜墙增高而增高，其相差高度不大于 1 ~ 2m。

（三）接缝处理

土石坝的防渗体要与地基、岸坡及周围其他建筑物的边界相接；由于施工导流、施工分期、分段分层填筑等要求，还必须设置纵向横向的接坡、接缝。这些结合部位是施工中的薄弱环节，质量控制应采取如下措施：

1. 土料与坝基结合面处理。一般用薄层轻碾的方法施工，不允许用重碾或重型夯，以免破坏基础，造成渗漏。黏性土地基：将表层土含水量调至施工含水量上限范围，用与防渗体土料相同的碾压参数压实，然后刨毛 3 ~ 5cm，再铺土压实。非黏性土地基：先洒水压实地基，再铺第一层土料，含水量为施工含水量的上限，采用轻型机械压实岩石地基。先把局部不平的岩石修理平整、清洗干净，封闭岩基表面节理、裂隙。若岩石面干燥可适当洒水，边涂刷浓泥浆、边铺土、边夯实。填土含水率大于最优含水率 1% ~ 3%，用轻型碾压实，适当降低干密度。待厚度在 0.5 ~ 1.0m 以上时方可用选定的压实机具和碾压参数正常压实。

2. 土料与岸坡及混凝土建筑物结合面处理。填土前，先将结合面的污物冲洗干净，清除松动岩石，在结合面上洒水湿润，涂刷一层浓黏土浆，厚约 5mm，以提高固结强度，防止产生渗透，搭接处采用黏土，小型机具压实。防渗体与岸坡结合带碾压，搭接宽度不小于 1m，搭接范围内或边角处，不得使用羊脚碾等重型机械。

3. 坝身纵横接缝处理。土石坝施工中，坝体接坡具有高差较大，停歇时间长，要求坡身稳定的特点。一般情况下，土料填筑力争平起施工，斜墙、心墙不允许设纵向接缝。防渗体及均质坝的横向接坡不应陡于 1 ∶ 3，高差不超过 15m。均质坝接坡宜采用斜坡和平台相间的形式，坡度和平台宽度应满足稳定要求，平台高差不大于 15m。接坡面可采用推土机自上而下削坡。坝体分层施工临时设置的接缝，通常控制在铺土厚度的 1 ~ 2 倍以内。接缝在不同的高程要错缝。

渗体的铺筑作业应连续进行，如因故停工，表面必须洒水湿润，控制含水量。

（四）施工质量控制

施工质量的检查与控制是土石坝安全的重要保证，它应贯穿于土石坝施工的各个环节和施工全过程。在施工中除对地基进行专门检查外，还应对料场土料、坝身填筑以及堆石体、反滤料等填筑进行严格的检查和控制，在土石坝施工中应实行全面质量管理，建立健全质量保证体系。

1. 料场的质量检查和控制

各种筑坝材料应以料场控制为主，必须是合格的坝料方能运输上坝，不合格坝料应在料场处理合格后方能上坝，否则应废弃。在料场建立专门的质量检查站，按设计要求及有关规范规定进行料场质量控制，主要控制包括：是否在规定的料区开采，是否将草皮、覆盖层等清除干净；坝料开采加工方法是否符合规定；排水系统、防雨措施、负温下施工措施是否完备；坝料性质、级配、含水率是否符合要求。

2. 填筑质量检查和控制

坝面填筑质量是保证土石坝施工质量的关键。在土料填筑过程中，应对铺土厚度、土块大小、含水量、压实后的干密度等进行检查，并提出质量控制措施。对黏性土含水量可采用"手检"法；即手握土料能成团，手搓可成碎块，则含水量合格，准确检测应用含水量测定仪测定。取样所测定的干密度试验结果，其合格率应不小于90%，不合格干密度不得低于设计值的98%，且不能集中出现。黏性土和砂土的密度可用环刀法测定，砾质土、砂砾料、反滤料可用灌水法或灌砂法测定。

对于反滤层、过渡层、坝壳等非黏性土的填筑，除按要求取样外，主要应控制压实参数，发现问题应及时纠正。对于铺筑厚度、是否混有杂物、填筑质量等应进行全面检查。对堆石体主要应检查上坝块石的质量、风化程度，石块的重量、尺寸、形状，堆筑过程中有无离析架空现象发生。对于堆石的级配、孔隙率大小，应分层分段取样，检查是否符合设计要求。根据地形、地质、坝料特性等因素，在施工特征部位和防渗体中，选定若干个固定断面，每升高5～10m，取代表性试样进行室内物理力学性质试验，作为复核设计及工程管理的依据。所有质量检查的记录，应随时整理，分别编号存档备查。

四、土石坝的季节性施工措施

（一）负温下填筑

我国北方的广大地区，每年都有较长的负温季节。为了争取更多的作业时间，需要根据不同的负温条件，采取相应措施，进行负温下填筑。负温下填筑可分为露天法施工和暖棚法施工两种方法，暖棚法施工所需器材多，一般只是气温过低时，在小范围内进行。露天施工要求压实时土料温度必须在-1℃以上。当日最低气温在-10℃以下，或在0℃以下且风速大于10m/s时，应停工；黏性土料的含水率不应大于塑限的90%，粒径小于5mm的细砂砾料的含水率应小于4%；填土中严禁带有冰雪、冻块；土、砂、砂砾料与堆石不得加水；防渗体不得受冻。施工可采取如下措施：

1. 防冻措施

降低土料含水量，或采用含水量低的土料上坝；挖取深层正温土料，加大施工强度，薄层铺筑，增大压实功能，快速施工，争取受冻前压实结束。

2. 保温措施

加覆盖物保温，如树叶、干草、草袋、塑料布等；设保温冰层，即在土料面上修土坛放水冻冰，将冰层下的水放走，形成冰盖，冰盖下的空气夹层可起到保温作用；在土料表面进行翻松；等等。

（二）雨季施工

雨季施工最主要的问题是土料含水量的变化对施工带来的不利影响。雨季施工应采取以下有效措施：

1. 加强雨季水文气象预报，提前做好防雨准备，把握好雨后复工时机。

2. 充分利用晴天加强土料储备，并安排心墙和两侧反滤料与部分顶壳料的筑高，以便在雨天继续填筑坝壳料，保持坝面稳定上升。来雨前用光面碾快速压实松土，防止雨水渗入。

3. 铺料时，心墙向两侧、斜墙向下游铺成 2% 的坡度，以利排水。

4. 做好坝面防雨保护，如设防雨棚、覆盖苫布、油布等。

5. 做好料场周围的排水系统，控制土料含水量。

第五节　面板堆石坝施工

一、堆石坝材料、质量要求及坝体分区

（一）堆石坝材料、质量要求

根据施工组织设计，查明各料场的储量和质量，如果利用施工中挖方的石料，要按料场要求增做试验。一、二级高坝坝料室内试验项目应包括坝料的颗粒级配、相对密度、抗剪强度和压缩模量，以及垫层料、砂砾料、软岩料的渗透和渗透变形试验。100m 以上的坝，应测定坝料的应力应变参数。

高坝垫层料要求有良好的级配，最大粒径为 80 ~ 100mm，粒径小于 5mm 的颗粒含量为 30% ~ 50%，粒径小于 0.075mm 的颗粒含量不宜超过 8%，中低坝可适当降低要求。压实后应具有内部渗透稳定性、低压缩性、高抗剪强度，并具有良好的施工特性。用天然砂砾料做垫层料时，要求级配连续、内部结构稳定、压实后渗透系数为 1/1 000 ~ 1/1 000cm/s。寒冷地区，垫层的颗粒级配要满足排水性要求。垫层料可采用人工砂石料、砂砾石料，或两者的掺料。

过渡料要求级配连续，最大粒径不宜超过 300mm，可用人工细石料、经筛分加工的天然砂砾料等。压实后的过渡料要压缩性小、抗剪强度高、排水性好。

主堆石料可用坝基开采的硬岩堆石料，也可采用砂砾石料，但坝体分区应满足规范要求。硬岩堆石料要求压实后应有良好的颗粒级配，最大粒径不超过压实层厚度，粒径小于 5mm 颗粒含量不宜超过 20%，粒径小于 0.075mm 的颗粒含量不宜超过 5%。在开采之前，应进行专门的爆破试验。砂烁石料中粒径小于 0.075mm 的颗粒含量超过 5% 时，宜用在坝内干燥区。

软岩堆石料压实后应具有较低的压缩性和一定的抗剪强度，可用于下游堆石区下游水位以上的干燥区，如用于主堆石区须经专门论证和设计。

（二）坝体分区

堆石坝坝体应根据石料来源及对坝料的强度、渗透性、压缩性、施工方便和经济合理

性等要求进行分区。在岩基上用硬岩堆石料填筑的坝体分区，从上游到下游分为垫层区、过渡区、主堆石区、下游堆石区；在周边缝下游应设置特殊垫层区；设计中可结合枢纽建筑物开挖石料和近坝可用料源增加其他分区。当用汽车直接卸料，推土机推平方法施工时，垫层区不宜小于 3m，有专门的铺料设备时，垫层区宽度可减少，并相应增大过渡区的面积，主堆石区用硬岩时，到垫层区之间应设过渡区，为方便施工，其宽度不应小于 3m。

二、坝体施工

（一）坝体填筑工艺

坝体填筑原则上应在坝基、两岸岸坡处理验收以及相应部位的趾板混凝土浇筑完成后进行。由于施工工序及投入工程和机械设备较多，为提高工作效率，避免相互干扰，确保安全，坝料填筑作业应按流水作业法组织施工。坝体填筑的工艺流程为测量放样、卸料、摊铺、洒水、压实、质检。坝体填筑尽量做到平起、均衡上升。垫层料、过渡料区之间必须平起上升，垫层料、过渡料与主堆石料区之间的填筑面高差不得超过一层。各区填筑的层厚、碾压遍数及加水量等严格按碾压试验确定的施工参数执行。

堆石区的填筑料采用进占法填筑，卸料堆之间保留 60cm 间隙，采用推土机平仓，超径石应尽量在料场解小。坝料填筑宜加水碾压，碾压时采用错距法顺坝轴线方向进行，低速行驶（1.5 ~ 2km/h），碾压按坝料的分区分段进行，各碾压段之间的搭接不少于 1.0m。在岸坡边缘靠山坡处，大块石易集中，故岸坡周边选用石料粒径较小且级配良好的过渡料填筑，同时周边部位先于同层堆石料铺筑。碾压时滚筒尽量靠近岸坡，沿上下游方向行驶，仍碾压不到之处用手扶式小型振动碾或液压振动夯加强碾压。

垫层料、过渡料卸料铺料时，避免分离，两者交界处避免大石集中，超径石应予剔除。填筑时自卸汽车将料直接卸入工作面，后退法卸料，碾压时顺坝轴线行驶，用推土机推平，人工辅助平整，铺层厚度等按规定的施工参数执行。垫层料的铺填顺序必须先填筑主堆石区，再填过渡层区，最后填筑垫层区。

下游护坡宜与坝体填筑平起施工，护坡石宜选取大块石，机械整坡、堆码，或人工干砌，块石间嵌合要牢固。

（二）垫层区上游坡面施工

垫层区上游坡面传统施工方法：在垫层料填筑时，向上游侧超出设计边线 30 ~ 40cm，先分层碾压。填筑一定高度后，由反铲挖掘机削坡，并预留 5 ~ 8cm 高出设计线，为了保证碾压质量和设计尺寸，需要反复进行斜坡碾压和修整，工作量很大。为保护新形成的坡面，常采用的形式有碾压水泥砂浆（珊溪坝）、喷乳化沥青（天生桥一级、洪家渡）、喷射混凝土（西北口坝）等。这种传统施工工艺技术成熟，易于掌握，但工序多，费工费时，坡面垫层料的填筑密实度难以保证。

坡面整修、斜坡碾压等工序，施工简单易行，施工质量易于控制，降低劳动强度，避免垫层料的浪费，效率较高。挤压边墙技术在国内应用时间较短，施工工艺还有待进一步完善。

（三）质量控制

1. 料场质量控制

在规定的料区范围内开采，料场的草皮、树根、覆盖层及风化层已清除干净；堆石料开采加工方法符合规定要求；堆石料级配、含泥量、物理力学性质符合设计要求，不合格料则不允许上坝。

2. 坝体填筑的质量控制

堆石材料、施工机械符合要求。负温下施工时，坝基已压实的砂砾石无冻结现象，填筑面上的冰雪已清除干净。坝面压实后，应对压实参数和孔隙率进行控制，以碾压参数为主。铺料厚度、压实遍数、加水量等应符合要求，铺料误差不宜超过层厚的 10%，坝面保持平整。

垫层料、过渡料和堆石料压实干密度的检测方法，宜采用挖坑灌水法，或辅以表面波压实密度仪法。施工中可用压实计实施控制，垫层料可用核子密度计法。垫层料试坑直径应不小于最大粒径的 4 倍，过渡料试坑直径应不小于最大粒径的 3 ~ 4 倍，堆石料试坑直径为最大粒径的 2 ~ 3 倍，试坑直径最大不超过 2m。

三、钢筋混凝土面板分块和浇筑

（一）钢筋混凝土面板的分块

混凝土防渗面板包括趾板（面板底座）和面板两部分。防渗面板应满足强度、抗渗、抗侵蚀、抗冻要求。趾板设伸缩缝，面板设垂直伸缩缝、周边伸缩缝等永久缝和临时水平施工缝。垂直伸缩缝从底到顶布置，中部受压区，分缝间距一般为 12 ~ 18m，两侧受拉区按 6 ~ 9m 布置。受拉区设两道止水，受压区在底侧设一道止水，水平施工缝不设止水，但竖向钢筋必须相连。

（二）防渗面板混凝土浇筑与质量

面板施工在趾板施工完毕后进行。面板一般采用滑模施工，由下而上连续浇筑。面板浇筑可以一期进行，也可以分期进行，须根据坝高、施工总计划而定对于中低坝，面板宜一期浇筑；对于高坝，面板可一期或分期施工。为便于流水作业，提高施工强度，面板混凝土均采用跳仓施工。当坝高不大于 70m 时，面板在堆石体填筑全部结束后施工，这主要考虑避免堆石体沉陷和位移对面板产生的不利影响：高于 70m 的堆石坝，应考虑须拦洪度汛，提前蓄水，面板宜分二期或三期浇筑，分期接缝应按施工缝处理。面板钢筋采用现场绑扎或焊接，也可用预制网片现场拼接。混凝土浇筑中，布料要均匀，每层铺料 250 ~ 300cm：止水片周围需人工布料，防止分离。振捣混凝土时，要垂直插入，至下层混凝土内 5cm，止水片周围用小振捣器仔细振捣一振动过程中，防止振捣器触及滑模、钢筋、止水片。脱模后的混凝土要及时修整和压面。

四、沥青混凝土面板施工

沥青混凝土由于抗渗性好，适应变形能力强，工程量小，施工速度快，正在广泛用于土石坝的防渗体中。

沥青混凝土面板所用沥青主要根据工程地点的气候条件选择，我国目前多采用道路沥青。粗骨料选用碱性碎石，其最大粒径一般为 15 ~ 25mm；细骨料可选碱性岩石加工的人工砂、天然砂或两者的混合。骨料要求坚硬、洁净、耐久，按满足 5d 以上施工需要量储存。填料种类有石棉、消石灰、水泥、橡胶、塑料等，其掺量由试验确定。

沥青混凝土面板施工是在坡面上进行的，施工难度较大，所以尽量采用机械化流水作业。首先进行修整和压实坡面，然后铺设垫层，垫层料应分层压实，并对坡面进行修整，使坡度、平整度和密实度等符合设计要求，在垫层面上喷涂一层乳化沥青或稀释沥青。沥青混凝土面板多采用一级铺筑。当坝坡较长或因拦洪度汛需要设置临时断面时，可采用二级或二级以上铺筑。一级斜坡长度铺筑通常不超过 120 ~ 150m，当采用多级铺筑时，临时断面应根据牵引设计的布置及运输车辆交通的要求，一般不小于 15m。沥青混合料的铺筑方向多采用沿最大坡度方向分成若干条幅，自下而上依次铺筑。防渗层一般采用多层铺筑，各区段条幅宽度间上下层接缝必须相互错开，水平接缝的错距应大于 1m，顺坡纵缝的错距一般为条幅宽度的 1 / 3 ~ 2 / 3。先用小型振动碾进行初压，再用大型振动碾二次碾压，上行振压，下行静压。施工接缝及碾压带间，应重叠碾压 10 ~ 15cm。压实温度应高于 110℃。二次碾压温度应高于 80℃防渗层的施工缝是面板的薄弱环节，尽量加大条幅摊铺宽度和长度，减少纵向和横向施工缝。防渗层的施工缝以采用斜面平接为宜，斜面坡度一般为 45°。整平胶结层的施工缝可不做处理。但上下层的层面必须干燥，间隔不超过 48h。防渗层层间应喷涂一薄层稀沥青或热沥青，用喷洒法施工或橡胶刮板涂刷。

第四章　混凝土坝施工

第一节　砂石骨料生产系统

一、骨料料场规划

砂石骨料的主要原料来源于天然砂砾石料场（包括陆地料场、河滩料场和河床料场）、岩石料场和工程弃渣。

骨料料场规划应根据料场的分布、开采条件、可利用料的质量、储量、天然级配、加工要求、弃料多少、运输方式、运距远近、生产成本等因素综合考虑。

（一）搞好砂石料场规划应遵循的原则

1. 首先要了解砂石料的需求，流域（或地区）的近期规划、料源的状况，以确定是建立流域或地区的砂石生产基地还是工程专用的砂石系统。

2. 应充分考虑自然景观、珍稀动植物、文物古迹保护方面的要求，将料场开采后的景观、植被恢复（或美化改造）列入规划之中，应重视料源剥离和弃渣的堆存，避免水土流失，还应采取恢复环境的措施。在进行经济比较时应计入这方面的投资。当在河滩开采时，还应对河道冲淤、航道影响进行论证。

3. 满足水工混凝土对骨料的各项质量要求，其储量力求满足各设计级配的需要，并有必要的富余量。初查精度的勘探储量，一般不少于设计需要量的 3 倍，详查精度的勘探储量，一般不少于设计需要量的 2 倍。

4. 选用的料场，特别是主要料场，应场地开阔、高程适宜、储量大、质量好、开采季节长，主辅料场应能兼顾洪枯季节互为备用的要求。

5. 选择可采率高，天然级配与设计级配较为接近，用人工骨料调整级配数量少的料场。任何工程应充分考虑利用工程弃渣的可能性和合理性。

6. 料场附近有足够的回车和堆料场地，且占用农田少，不拆迁或少拆迁现有生活、生产设施。

7. 选择开采准备工作量小，施工简便的料场。

如以上要求难以同时满足，在优质、经济、就近取材的原则下，可分别选择天然骨料、人工骨料，或两者相互补充。当工程附近有质量合格、储量满足工程需要、开采条件合适且不构成环保和河道水运交通影响的天然砂石料时，宜优先采用天然料场。若天然料运距太远，成本太高，这时才可以考虑采用人工骨料方案。组合骨料时，则须确定天然骨料和人工骨料的最佳搭配方案。通常对天然料场中的超径石，往往通过加工补充短缺级配，形成生产系统的闭路循环，这是减少弃料，降低成本的好办法。

随着大型、高效、耐用的骨料加工机械的发展，以及管理水平的提高，人工骨料的成本接近甚至低于天然骨料，并且级配可按需调整，质量稳定，管理相对集中，受自然因素影响小，有利于均衡生产，可减少设备用量，减少堆料场地，并且可利用有效开挖料。因此，采用人工骨料的工程越来越多。

有碱活性的骨料会引起混凝土的过量膨胀，一般应避免使用。当采用低碱水泥或掺粉煤灰时，碱骨料反应就会受到抑制，经试验证明对混凝土不致产生有害影响时，也可选用。当主体工程开挖渣料数量较多，且质量符合要求时，应尽量予以利用。它不仅可降低人工骨料成本，还可节省运渣费用，减少堆渣用地和环境污染。

（二）毛料开采最大的确定

1. 天然砂砾料开采量的确定

毛料开采量取决于混凝土中各种粒径的骨料需要量和天然砂砾料中各种粒径骨料的含量。通常按不同粒径组所求的开采总量各不相同，取其中的最大开采量作为理论开采总量。在实际施工中，大石含量通常过多，而中小石含量不足，若按中小石需要量开采，大石将过剩。为此，实际施工中选择的开采量往往介于最大值与最小值之间，于是有些粒径组就会短缺，另一些粒径组则会有弃料。此时，可采取如下措施：

（1）调整混凝土的设计配合比，在许可范围内减少短缺粒径的需用量；

（2）设置破碎机，将富余大骨料加工，补充短缺粒径；

（3）改进生产工艺，减少短缺粒径组的损失；

（4）以人工骨料补充短缺粒径。

2. 采石场开采量的确定

当采用人工骨料时，采石场开采量主要取决于混凝土骨料需要量以及块石开采成品获得率。

若有有效开挖石料可供利用，应将利用部分扣除，以确定实际开采石料量。

（三）开采方法

1. 水下开采天然砂砾料

从河床或河滩开挖天然砂砾料宜用索铲挖掘机和采砂船，采砂船应用中应注意：选择大型采砂船时应考虑设备进场、撤退及下一工程衔接使用的可能性；选择合理开采水位，研究开采顺序和作业路线，尽可能创造静水和低流速开采条件，减少细砂与骨料流失量。

2. 陆上开采天然砂砾料

陆上开采天然砂砾料所用设备和生产工艺与一般土石方开挖工程相同，主要使用挖掘机。至于运输方式则随料场条件而异，有的采用标准轨矿车或窄轨矿车，有的则采用自卸汽车。

3. 碎石开采

采石场的开采可用洞室爆破和深孔爆破。洞室爆破比深孔爆破原岩破碎平均粒度大，超径量多，二次爆破量大，因而挖掘机生产率下降，粗碎负荷加重。洞室巷道施工条件差、劳动强度大。当深孔爆破的台阶尚未形成时，用洞室爆破进行削帮、揭顶并提供初期用料。深孔爆破，尤其是深孔微差挤压爆破应作为采石场的主要爆破方法。进行爆破设计时要注意开采石块的最大粒度与挖装、破碎设备相适应。

二、骨料加工

骨料加工厂的生产能力应满足混凝土浇筑的需要。混凝土浇筑强度是不均衡的，就其高峰值来说，又有高峰月浇筑强度和高峰时段月平均浇筑强度之分。若按高峰月浇筑强度考虑，系统设备过多，不经济；若按高峰时段月平均浇筑强度计算，则应考虑堆料场的调节作用。

实际生产中，还可以按骨料需要量累计曲线确定生产能力。先根据混凝土浇筑计划，绘出骨料需要量累计曲线，然后绘出骨料生产量累计曲线。生产量累计曲线始终位于需要量累计曲线的上方。它们之间的垂直距离，即为骨料成品料堆的储存量。此储量应不超过成品料堆的最大容量，但又不能小于最小安全储量。此外，生产量累计曲线的起点和终点，应比需要量累计曲线提前一定时间。一般起点提前时间为 10 ~ 15d，终点也应相应提前，具体时间由施工计划定。

生产量累计曲线的各段斜率，代表加工厂各时段的生产强度。其中，斜率最大值即为加工厂的生产能力，斜率最大时段即为骨料加工的高峰期。

三、骨料的储存

（一）骨料堆场的任务和种类

为了解决骨料生产与需求之间的不平衡，应设置骨料堆场。骨料储存分毛料堆存、半成品料堆存和成品料堆存三种形式。毛料堆存用于解决骨料开采与加工之间的不平衡；半成品料（经过预筛分的砂石混合料）堆存用于解决骨料加工各工序之间的不平衡；成品料堆存用于保证混凝土连续生产的用料要求，并起到降低和稳定骨料含水量（特别是砂料脱水），降低或稳定骨料温度的作用。

砂石料总储量的多少取决于生产强度和管理水平。通常按高峰时段月平均值的 50% ~ 80% 考虑，汛期、冰冻期停采时须按停采期骨料需要量外加 20% 裕度校核。

成品料仓各级骨料的堆存，必须设置可靠的隔墙，以防止骨料混级。隔墙高度按骨料自然休止角（34° ~ 37°）确定，并超高 0.8m 以上。成品堆场容量，也应满足砂石料自然脱水的要求。

（二）骨料堆场的形式

1. 台阶式。利用地形的高差，将料仓布置在进料线路下方，由汽车或铁路矿车直接卸料。料仓底部设有出料廊道（又称地弄），砂石料通过卸料弧形阀门卸在皮带机上运出。为了扩大堆料容积，可用推土机集料或散料。这种料仓设备简单，但须有合适的地形条件。

2. 栈桥式。在平地上架设栈桥，栈桥顶部安装有皮带机，经卸料小车向两侧卸料。料堆呈棱柱体，由廊道内的皮带机出料。这种堆料的方式，可以增大堆料高度（可达 9 ~ 15m），减少料堆占地面积。但骨料跌落高度大，易造成分离，而且料堆自卸容积（位于骨料自然休止角斜线中间的容积）小。

3. 堆料机堆料。堆料机是可以沿轨道移动，有悬臂扩大堆料范围的专用机械。动臂可以旋转和仰俯（变幅范围为 ±16°），能适应堆料位置和堆料高度的变化，避免骨料跌落过高。为了增大堆料高度，常将其轨道安装在土堤顶部，出料廊道则设于路堤两侧。

（三）骨料堆存中的质量控制

骨料堆存的主要质量要求是防止骨料发生破碎、分离，或是含水量变化，使骨料保持洁净等方面。为了保证骨料质量，应采取相应措施使其在允许范围内。

为防止粗骨料破碎和分离，应尽量减少转运次数。卸料时，粒径大于 40mm 骨料的自由落差大于 3m 时，应设置缓降设施。同时，皮带机接头处高差应控制在 5m 以内，并在用于衔接的溜槽内衬以橡皮，以减轻石料冲击造成的破碎。堆料时，要避免形成大的斜坡。取料时应在同一料堆选 2 ~ 3 个不同取料点同时取料，以使同一级骨料粒径均匀。

储料仓除有足够的容积外，还应维持不小于 6m 的堆料厚度。要重视细骨料脱水，并保持洁净。细骨料仓的数量和容积应满足细骨料脱水的要求。一般情况下，细骨料仓的数量应不少于 3 个，即 1 个仓堆料，1 ~ 2 个仓脱水，1 个仓使用，并互相轮换。细骨料仓的堆料容积应满足混凝土浇筑高峰期 10d 以上的需要，粗骨料仓的活容积应满足混凝土浇筑高峰期 3d 以上的需要，拌和系统粗细骨料的堆存活容积应满足 3d 的需要量。细骨料的含水率应保持稳定，人工砂饱和面干的含水率不宜超过 6%。自然脱水情况下，应达到其稳定含水量，一般需 5 ~ 6d。

设计料仓时，料仓的位置和高程应选择在洪水位之上，周围应有良好的排水、排污设施．地下廊道内应布置集水井、排水沟和冲洗皮带机污泥的水管。各级骨料仓之间应设置隔墙等有效措施，严禁混料，并应避免泥土和其他杂物混入骨料中。

第二节　混凝土生产系统

一、混凝土生产系统的设置与布置

（一）合理设置混凝土生产系统

根据工程规模、施工组织的不同，水利水电工程可集中设置一个混凝土生产系统，也可分散设置混凝土生产系统。分散设置的生产能力须按分区混凝土高峰浇筑强度设计，其总和大于工程总的高峰浇筑强度。根据一些工程统计，集中设置与分散设置比较，规模约小 15%，人员少 25% ~ 30%。但在下列情况下宜采用分散设置：

1. 水工建筑物分散或高程悬殊，浇筑强度过大，集中布置会使运距过远；

2. 两岸混凝土运输线不能沟通；

3. 砂石料场分散，集中布置则骨料运输不便或不经济；

4. 当在流量宽阔的河段上，采用分期导流、分期施工方式时，一般按施工阶段分期设置混凝土生产系统。

有些建设单位将相对独立的水工建筑物单独招标，并在招标文件中要求中标单位规划建设相应混凝土生产系统时，可按不同标段设置。

（二）拌和楼尽量靠近浇筑地点

拌和楼应尽可能靠近坝体。混凝土生产系统到坝址的距离一般在 500m 左右。经论证，混凝土生产系统使用时间与永久性建筑物施工、运行时间错开时，也可占用永久建筑物场地，但在使用时间重合时，应特别注意它们是否有干扰。

（三）妥善利用地形

混凝土生产系统应布置在地形比较平缓的开阔处，其位置和高程要满足混凝土运输和浇筑施工方案要求。混凝土生产系统主要建筑物地面高程应高出当地 20 年一遇的洪水位；拌和楼、水泥罐、制冷楼、堆料场地等多属于高层或重载建筑物，对于地基要求较高。新安江工程混凝土系统场地狭窄，由于充分利用从 40 ~ 110m 高程间 70m 的自然高差，所以可分成 4 个台阶进行紧凑布置，从而使工程量较类似规模的系统小得多。

（四）各个建筑物布置原则

各个建筑物布置紧凑，制冷、供热、水泥及粉煤灰等设施均宜靠近拌和楼；原材料进料方向与混凝土出料方向错开；每座拌和楼有独立出料线，使车辆进出互不干扰；出料能力应能满足多品种、多强度等级混凝土的发运，以保证拌和楼不间断的生产；铁路线优先采用循环岔道方式；尽头线布置只能适应拌和楼生产能力较低的情况。

（五）输送距离要求

骨料供应点至拌和楼的输送距离宜在 300m 以内。混凝土运输距离应按混凝土出机到入仓的运输时间不超过 60min 计算，夏季不超过 30min。

（六）混合上料、二次筛分

下列情况下，可考虑采用混合上料，拌和楼顶二次筛分：

1. 堆料场距拌和楼较远，骨料分级轮换供料不能满足生产需要；

2. 拌和楼采用连续风冷骨料，因料仓容量不足，不能维持冷却区必要的料层厚度；

3. 采用喷淋法冷却骨料，胶带机运行速度降低，以致轮换供料不能满足要求。

二、混凝土生产系统的组成

（一）拌和楼形式的选择

拌和楼按结构布置可分为直立式、二阶式、移动式三种形式，按搅拌机配置可分为自落式、强制式及涡流式等形式。

1. 直立式拌和楼

直立式混凝土拌和楼将骨料、胶凝材料、料仓、称量、拌和、混凝土出料等各工艺环节由上而下垂直布置在一座楼内，物料只做一次提升。其适用于混凝土工程量大，使用周期长，施工场地狭小的水利水电工程。直立式混凝土拌和楼是集中布置的混凝土工厂，常按工艺流程分层布置，分为进料层、储料层、配料层、拌和层及出料层共五层。其中，配料层是全楼的控制中心，设有主操纵台。

骨料和水泥用皮带机和提升机分别送到储料层的分格仓内，料仓有 5 ~ 6 格装骨料，有 2 ~ 3 格装水泥和掺和料。每格料仓装有配料斗和自动秤，称好的各种材料汇入骨料斗内，再用回转式给料器送入待料的拌和机内，拌和用水则由自动量水器量好后，直接注入拌和机。拌好的混凝土卸入储料层的料斗，待运输车辆就位后，开启气动弧门出料。各层设备可由电子传动系统操作。

2. 二阶式拌和楼

二阶式混凝土拌和楼将直立式拌和楼分成两大部分。一部分是骨料进料、料仓储存及称量，另一部分是胶凝材料、拌和、混凝土出料控制等。两部分中间用皮带机连接，一般布置在同一高程上，也可以利用地形高差布置在两个高程上。这种结构布置形式的拌和楼安装拆迁方便，机动灵活。小浪底工程混凝土生产系统 4000L 拌和楼采用的就是这种形式。

3. 移动式拌和楼

移动式拌和楼一般用于小型水利水电工程，混凝土骨料粒径是在 80m 以下的混凝土。

（二）拌和设备容量的确定

混凝土生产系统的生产能力一般根据施工组织安排的高峰月混凝土浇筑强度，计算混凝土生产系统的小时生产能力。

计算小时生产能力，应按设计浇筑安排的最大仓面面积、混凝土初凝时间、浇筑层厚度、浇筑方法等条件，校核所选拌和楼的小时生产能力，以及与拌和楼配备的辅助设备的生产能力等是否满足相应要求。

第三节 混凝土运输浇筑方案

混凝土供料运输和入仓运输的组合形式，称为混凝土运输浇筑方案。它是坝体混凝土施工中的一个关键性环节，必须根据工程规模和施工条件，合理选择。

一、常用运输浇筑方案

（一）自卸汽车—履带式起重机运输浇筑方案

混凝土由自卸汽车卸入卧罐，再由履带式起重机吊运入仓。这种方案机动灵活，适用于工地狭窄的地形。履带式起重机多由挖掘机改装而成，自卸汽车在工地使用较多，所以能及早投产使用，充分发挥机械的利用率。但履带式起重机在负荷下不能变幅，兼受工作面与供料线路的影响，常须随工作面而移动机身，控制高度不大。适用于岸边溢洪道、护坦、厂房基础、低坝等混凝土工程。

（二）起重机—栈桥运输浇筑方案

采用门机和塔机吊运混凝土浇筑方案，常在平行于坝轴线的方向架设栈桥，并在栈桥上安设门、塔机。混凝土水平运输车辆常与门、塔机共用一个栈桥桥面，以便于向门、塔机供料。

施工栈桥是临时性建筑物，一般由桥墩、梁跨结构和桥面系统三部分组成，桥上行驶起重机（门机或塔机）、运输车辆（机车或汽车）。

设置栈桥的目的有两个：一是为了扩大起重机的控制范围，增加浇筑高度；二是为起重机和混凝土运输提供开行线路，使之与浇筑工作面分开，避免相互干扰。

门、塔机的选择，应与建筑物结构尺寸、混凝土拌和及供料能力相协调。合理选择栈桥的位置和高程，尽量减少门、塔机拆迁次数，是采用门、塔机时应当重点考虑的问题。门、塔机的布置形式主要有下面几种。

1. 坝外布置

当坝体宽度较小时，可将门、塔机布置在坝外（上游或下游或上、下游）。它与坝体的距离以不碰坝体和满足门、塔机安全运转为原则。门、塔机轨道铺设在混凝土埋石上，仅在低凹部位修建低栈桥。

2. 坝内独栈桥布置

将门、塔机栈桥布置在坝底宽的 1 / 2 处，找桥高度视坝高、门（塔）机类型和混凝土拌和厂出料高程选定。

3. 坝内多栈桥布置

坝底较宽的高坝，或有坝后式厂房的工程，须在坝内布置多道栈桥。栈桥需要“翻高”，门、塔机随之向上拆迁。

4. 主辅栈桥布置

在坝内布置起重机栈桥，在坝外布置运输混凝土的机车栈桥。这种布置取决于混凝土拌和厂供料高程和坝区地形等因素。

5. 蹲块布置

门、塔机设置在已浇筑的坝体上，随着坝体上升分次倒换位置而升高。这种方式施工简单，我国许多混凝土坝都采用过。不过，门（塔）机活动范围受限制、拆装频繁，如果安排不周就会影响施工进度。有的工程根据坝体断面形式、施工道路、工程进度等具体条件，合理安排门（塔）机位置，并组织安装力量加快拆装速度，可以取得加快施工速度的效果。

起重机—栈桥方案的优点是布置比较灵活，控制范围大，运输强度高。而且门、塔机为定型设备，机械性能稳定，可多次拆装使用，因此它是厂房混凝土施工最常见的方案。这种方案的缺点是：修建栈桥和安装起重机需要占用一段工期，往往影响主体工程施工，而且栈桥下部形成浇筑死区（称为栈桥压仓），须用溜管、溜槽等辅助运输设备方能浇筑，或待栈桥拆除后浇筑。此外，坝内栈桥在施工初期难以形成；坝外低栈桥控制范围有限，且受导流方式的影响和汛期洪水的威胁。

（三）缆机运输浇筑方案

缆机运输浇筑方案，尤其适用于高山峡谷地区的混凝土高坝。采用缆机与选用其他起重机不同，不是先选定设备再进行施工布置，而是按工程的具体条件先进行施工布置，然后委托厂家设计制造，待设计方案确定后，再对施工布置进行适当修改完善，采用缆机浇筑混凝土控制范围大，生产效率高，不受导流、度汛和基坑过水的影响。提前安装缆机还可协助截流、基坑开挖等工作。采用缆机的主要缺点是塔架和设备的土建安装工程量大，设备的设计制造周期长，初期投资比较大。

缆机的类型很多，有辐射式、平移式、固定式、摆动式和轨索式等，最常用的是前两种。一个工程往往需要布置多台缆机才能满足要求，在这种情况下布置时要仔细考虑，避免相互干扰。

1. 平移式缆机

几台缆机布置在同一轨道上，为了能使两台缆机同时浇筑一个仓位，可采取以下两种布置方法：

同高程塔架错开布置，错开的位置按塔架具体尺寸决定。为了安全操作，一般主索之间的距离不宜小于 7 ~ 10m。

高低平台错开布置。即在不同高程的平台上错开布置塔架。有的工程为了使高低平台的缆机能互为备用，就会布置成穿越式。这时要注意两层之间应有足够的距离，上层缆机满载时的吊罐底部与下层缆机的牵引索之间，应有安全距离。我国某工程采用穿越式布置，两层之间的距离不符合上述要求，就发生了下层缆索将上层小车拉翻、主钩掉入河中的事故。

2. 辐射式缆机

当两台缆机共用一个固定塔架时，移动塔可布置在同一高程，也可布置在不同高程。

3. 平移式和辐射式混合布置

根据工程具体情况，可采用平移式与辐射式混合布置，两者也可形成穿越式。缆机布置的一般原则为：尽量缩小缆机跨度和塔架高度；控制范围尽量覆盖所有坝块；缆机平台工程量尽量小，双层缆机布置要使低缆浇筑范围不低于初期发电水位；供料平台要平直且尽量少压或不压坝块。

采用缆机方案，应尽量全部覆盖枢纽建筑物，满足高峰期浇筑量。共 3 台 20t 辐射式缆机，跨度 420m，主塔高 40 ~ 60m，副塔高 15 ~ 20m。其中，缆机 3 布置较低，主要担任厂房运输浇筑任务。

缆机方案布置，有时由于地形地质条件限制，或者为了节约缆机平台工程量和设备投资，往往缩短缆机跨度和塔架高度，甚至将缆机平台降至坝顶高程。这时，就需要其他运输设备配合施工，还可以采用缆机和门、塔机结合施工的方案。

（四）皮带机运输混凝土

采用皮带机运输方案，常用自卸汽车运料到浇筑地点，卸入转料储料斗后，再经皮带机转运入仓，每次浇筑的高度约 10m，适用于基础部位的混凝土运输浇筑，如水闸底板、护坦等。

二、混凝土运输浇筑方案的选择

混凝土运输浇筑方案对工程进度、质量、工程造价将产生直接影响，须综合各方面的因素，经过技术经济比较后进行选定。在方案选择时，一般须考虑下列因素：枢纽布置、水工建筑物类型、结构和尺寸，特别是坝的高度；工程规模、工程量和按总进度拟定的施工阶段控制性浇筑进度、强度及温度控制要求；施工现场的地形、地质条件和水文特点；导流方式及分期和防洪度汛措施；混凝土拌和楼（站）的布置和生产能力；起重机具的性能和施工队伍的技术水平、熟练程度及设备状况。

上述各种因素互相依存、互相制约。因此，必须结合工程实际，拟订出几个可行方案进行全面的技术经济比较，最后选定技术上先进、经济上合理、设备供应现实的方案。可按下列不同情况确定：

高度较大的建筑物。其工程规模和混凝土浇筑强度较大，混凝土垂直运输占主要地位。常以门、塔机—栈桥、缆机、专用皮带机为主要方案。以履带式起重机及其他较小机械设备为辅助措施。在较宽河谷上的高坝施工，常采用缆机与门、塔机（或塔带机）相结合的混凝土运输浇筑方案。

高度较低的建筑物。如低坝、水闸、船闸、厂房、护坦及各种导墙等。可选用门机、塔机、履带式起重机、皮带机等作为主要方案。

工作面狭窄部位。如隧洞衬砌、导流底孔封堵、厂房二期混凝土部分回填等，可选择混凝土泵、溜管、溜槽、皮带机等运输浇筑方案。

混凝土运输方案选择的基本步骤如下：

1. 根据建筑物的类型、规模、布置和施工条件，拟订出各种可能的方案；

2. 初步分析后，选择几个主要方案；

3. 根据总进度要求，对主要方案进行各种主要机械设备选型和需要数量的计算，进行布置，并论证实现总进度的可能性；

4. 对主要方案进行技术经济分析，综合方案的主要优缺点；

5. 最后选定技术上先进、经济上合理及设备供应现实的方案。

混凝土运输浇筑方案的选择通常应考虑如下原则：

1. 运输效率高，成本低，运输次数少，不易分离，容易保证质量；

2. 起重设备能够控制整个建筑物的浇筑部位；

3. 主要设备型号单一，性能优良，配套设备能使主要设备的生产能力充分发挥；

4. 在保证工程质量的前提下能满足高峰浇筑强度的要求；

5. 除满足混凝土浇筑外，还能最大限度地承担模板、钢筋、金属结构及仓面的小型机具的吊运工作；

6. 在工作范围内，设备利用率高，不压浇筑块，或不因压块而延误浇筑工期。

三、起重机数量的确定

起重机的数量，取决于混凝土最高月浇筑强度和所选起重机的浇筑能力。

起重机数量确定后，再结合工程结构的特点、外形尺寸、地形地质等条件进行布置，并从施工方法上论证实现总进度的可能性。必须指出，大中型工程各施工阶段的浇筑部位和浇筑强度差别较大，因此应分施工阶段进行设备选择和布置，并注意各阶段的衔接。

第四节　混凝土的温度控制和分缝分块

一、混凝土温度控制

（一）混凝土的温度变化过程

混凝土在凝固过程中，释放大量水化热，使混凝土内部温度逐步上升。但对大体积混凝土，最小尺寸也常在 3 ~ 5m 以上，而混凝土导热性能随热传导距离呈非线性衰减，大部分水化热将积蓄在浇筑块内，使块内温度达 30℃ ~ 50℃，甚至更高。由于内外温差的存在，随着时间的推移，坝内温度逐渐下降而趋于稳定，与多年平均气温接近。

（二）温度应力与温度裂缝

大体积混凝土的温度应力，是由于变形受到约束而产生的。其包括基础混凝土在降温过程中受基岩或老混凝土的约束；由非线性温度场引起各单元体之间变形不一致的内部约束；以及在气温骤降情况下，表层混凝土的急剧收缩变形，受内部热胀混凝土的约束等。由于混凝土的抗拉强度远低于抗压强度，在温度压应力作用下不致破坏的混凝土，当受到温度拉应力作用时，常因抗拉强度不足而产生裂缝。随着约束情况的不同，大体积混凝土温度裂缝有如下两种。

1. 表面裂缝

混凝土浇筑后，其内部由于水化热温升，体积膨胀，如受到岩石或老混凝土约束，在初期将产生较小的压应力，当后期出现较小的降温时，即可将压应力抵消。而当混凝土温度继续下降时，混凝土块内将出现较大的拉应力，但混凝土的强度和弹性模量会随龄期而增长，只要对基础块混凝土进行适当的温度控制即可防止开裂。但最危险的情况是遇寒潮，气温骤降，表层降温收缩。由于内胀外缩，在混凝土内部产生压应力，表层产生拉应力，假设混凝土内处于内外温度平均值的点应力为零，那么高于平均值的点承受为压应力，低于平均值的点承受为拉应力。

当表层温度拉应力超过混凝土的允许抗拉强度时，会形成表面裂缝，其深度不超过30cm。这种裂缝多发生在浇筑块侧壁，方向不定，短而浅，数量较多。随着混凝土内部温度下降，外部气温回升，就会有重新闭合的可能。

2. 贯穿裂缝和深层裂缝

变形和约束是产生应力的两个必要条件。由于混凝土浇筑温度过高，加上混凝土的水化热温升，形成混凝土的最高温度，当降到施工期的最低温度或降到水库运行期的稳定温度时，即产生基础温差，由这种均匀降温产生混凝土裂缝，这种裂缝是混凝土的变形受外界约束而发生的，所以它整个端面均匀受拉应力，一旦发生，就形成贯穿性裂缝。由温度变化引起温度变形是普遍存在的，有无温度应力出现的关键在于有无约束。人们不仅把基岩视为刚性基础，也把已凝固、弹性模量较大的下部老混凝土视为刚性基础。这种基础对新浇不久的混凝土产生温度变形所施加的约束作用，称为基础约束。

这种约束在混凝土升温膨胀期引起压应力，在降温收缩时引起拉应力。当此拉应力超过混凝土的极限抗拉强度时，就会产生裂缝，称为基础约束裂缝。由于这种裂缝自基础面向上开展，严重时可能贯穿整个坝段，故又称为贯穿裂缝。此种裂缝宽度随气温变化很敏感，表面宽度沿延伸方向的变化也是很明显的。此外，裂缝由接近基岩部位到顶端，是逐渐尖灭的。切割的深度可达 3 ~ 5m 以上，故又称为深层裂缝。裂缝的宽度可达 1 ~ 3m，且多垂直基面向上延伸，既可能平行纵缝贯穿，也可能沿流向贯穿。

（三）大体积混凝土温度控制的任务

大体积混凝土温度控制的首要任务是通过控制混凝土的拌和温度来控制混凝土的入仓温度；再通过一期冷却来降低混凝土内部的水化热温升，从而降低混凝土内部的最高温升，使温差降低到允许范围。

其次，大体积混凝土温控的另一任务是通过二期冷却，使坝体温度从最高温度降到接近稳定温度，以便在达到灌浆温度后及时进行纵缝灌浆。

（四）大体积混凝土温度控制标准

温度控制标准实质上就是将大体积混凝土内部和基础之间的温差控制在基础约束应力小于混凝土允许抗拉强度以内。

实践证明，控制混凝土的极限拉伸值，对于防止大体积混凝土产生裂缝具有同等重要的意义。设计部门对施工单位提出基础温差控制标准的同时，也提出了混凝土允许的极限拉伸值的限制。

此外，当下层混凝土龄期超过 28d 成为老混凝土时，其上层混凝土浇筑应控制上下层温差，要求上下层温差值不大于 15℃ ~ 20℃。要满足以上要求，在施工中一般通过限制上层块体覆盖下层块体的间歇时间来实现。过长的间歇时间是使上下层块体温差超标的重要原因之一。确定灌浆温度是温控的又一标准。由于坝体内部混凝土的稳定温度随具体部位而异，一般情况下，灌浆温度并不恰好等于稳定温度。通常在确定灌浆温度时，将坝体断面的稳定温度场进行分区，对灌浆温度进行分区处理，各区的灌浆温度取各区稳定温度的平均值。但对某些特殊部位，例如底孔周围、空腹坝的空腹顶部，灌浆后可能出现自然超冷，灌浆温度宜低于稳定温度。在严寒地区，经论证，灌浆温度可高于稳定温度的一定值。

（五）混凝土的温度控制措施

温度控制的具体措施常从混凝土的减热和散热两方面着手。所谓减热就是减少混凝土内部的发热量，如降低混凝土的拌和出机温度，以降低入仓浇筑温度，降低混凝土的水化热温升，以降低混凝土可能达到的最高温度。所谓散热就是采取各种散热措施，如增加混凝土的散热面，在混凝土温升期采取人工冷却降低其最高温升，当到达最高温度后，采取人工冷却措施，缩短降温冷却期，将混凝土块内的温度尽快地降到灌浆温度，以便进行接缝灌浆。

降低混凝土水化热温升，减少每立方米混凝土的水泥用量，根据坝体的应力场对坝体进行分区，对于不同分区采用不同强度等级的混凝土；采用低流态或无坍落度干硬性贫混凝土；改善骨料级配，选取最优级配，减少砂率，优化配合比设计，采取综合措施，以减少每立方米水泥用量；掺用混合材料，粉煤灰等掺和料的用量可达水泥用量的 25% ~ 40%；采用高效减水剂，高效减水剂不仅能节约水泥用量约 20%，使 28d 龄期混凝土的发热量减少 25% ~ 30%，且能提高混凝土早期强度和极限拉伸值。

1. 采用低发热量的水泥

在满足混凝土各项设计指标的前提下，应采用水化热低的水泥，多用中热硅酸盐水泥和低热硅酸盐水泥，但低热硅酸盐水泥因早期强度低、成本高，已逐步被淘汰。近年已开始生产低热微膨胀水泥，它不仅水化热低，且有微膨胀作用，对降温收缩还可以起到补偿作用，能够减小收缩引起的拉应力，有利于防止裂缝的发生。

2. 降低混凝土的入仓温度，合理安排浇筑时间

在施工组织上安排春、秋季多浇；夏季早晚浇，中午不浇，这是最经济有效地降低入

仓温度的措施。

3. 加冰或加冷水拌和混凝土

混凝土拌和时，将部分拌和水改为冰屑，利用冰的低温和冰融解时吸收潜热的作用。实践证明混凝土拌和水温降低 1℃，可使混凝土出机口温度降低 0.2℃左右。这样，可最大限度地将混凝土温度降低约 20℃。但相关规范规定加冰量应不大于拌和用水量的 80%。加冰拌和，冰与拌和材料会直接作用，这样冷量利用率高，降温效果显著。但加冰后，混凝土拌和时间要适当延长，相应会影响生产能力。若采用冰水拌和或地下低温水拌和，则可避免这一弊端。

4. 降低骨料温度

（1）成品料仓骨料的堆料高度不宜低于 6m，并应有足够的储备。

（2）搭盖凉棚，用喷雾机喷雾降温（砂子除外），水温 2 ~ 5℃，可使骨料温度降低 2 ~ 3℃。

（3）通过地弄取料，防止骨料运输过程中温度回升，运输设备均应有防晒隔热措施。

（4）水冷。使粗骨料浸入循环冷却水中 30 ~ 45min，或在通入拌和楼料仓的皮带机廊道、地弄或隧洞中装设喷洒冷却水的水管。喷洒冷却水皮带段的长度，由降温要求和皮带机运行速度而定。

（5）风冷。可在拌和楼料仓下部通入冷风，冷风经粗料的空隙，由风管返回制冷厂再冷。新近引进的附壁式冷风机制冷，冷却效果更好。细骨料难以采用风冷，若用风冷，由于细骨料的空隙小，所以效果不显著。

（6）真空气化冷却。利用真空气化吸热原理，将放入密闭容器的骨料，利用真空装置抽气并保持真空状态约 30min，使骨料气化降温冷却。

5. 加速混凝土散热

（1）采用自然散热冷却降温。采用低块薄层浇筑，并适当延长散热时间，即适当增长间歇时间。基础混凝土和老混凝土约束部位浇筑层厚以 1 ~ 2m 为宜，上下层浇筑间歇时间宜为 5 ~ 10d。在高温季节已采用预冷措施时，则应采用厚块浇筑，缩短间歇时间，防止因气温过高而热量倒流，以保持预冷效果。

（2）预埋水管通水冷却。在混凝土内预埋蛇形冷却水管，通循环冷水进行降温冷却。在国内以往的工程中，多采用直径约为 2.54cm 的黑铁管进行通水冷却，该种水管施工经验较多，施工方法成熟，水管导热性能好，但水管需要在工地附属加工厂进行加工制作，制作安装均不方便，且费时较多。此外，接头渗漏或堵管时有发生，材料及治安费用也较高，目前应用较多的是塑料水管。塑料软管充气埋入混凝土内，待混凝土初凝后再放气拔出，清洗后以备重复利用。冷却水管布置，平面上呈蛇形，断面上呈梅花形，也可布置成棋盘形。蛇形管弯头由硬质材料制作，当塑料软管放气拔出后，弯头仍留于混凝土内。

一期通水冷却目的在于削减温升高峰，减小最大温差，防止贯穿裂缝发生。一期通水冷却通常在混凝土浇后几小时便开始，持续时间一般为 15 ~ 20d。混凝土温度与水温之差，不宜超过 25℃，通水流速以 0.6m/s 为宜，水流方向应每 24h 调换 1 次，每天降温不宜超过 1℃，达到预定降温值方可停止。

二期通水冷却可以充分利用一期冷却系统。二期冷却时间一般为 2 个月左右，水温与混凝土内部温度之差，不应超过 20d，降温不超过 1℃。通常二期冷却应保证至少有

10℃～15℃的降温，使接缝张开度有0.5mm，以满足接缝灌浆对灌缝宽度的要求。冷却用水尽量利用低温地下水和库内低温水，只有当采用天然水不合要求时，才辅以人工冷却水。通水冷却应自下而上分区进行，通水方向可以24h调换一次，以使坝体均匀降温。通水的进出口一般设于廊道内、坝面上、宽缝坝的宽缝中或空腹坝的空腹中。

（六）冷却水管分层排列

在高温季节施工时，应根据具体情况，采取下列措施，以减少混凝土的温度回升：缩短混凝土的运输及卸料时间，入仓后及时进行平仓振捣，加快覆盖速度，缩短混凝土的暴晒时间；混凝土运输工具有隔热遮阳措施；宜采用喷雾等方法降低仓面气温；混凝土浇筑宜安排在早晚、夜间及利用阴天进行；当浇筑块尺寸较大时，可采用台阶式浇筑法，浇筑块厚度小于1.5m；混凝土平仓振捣后，采用隔热材料及时覆盖。

（七）特殊部位的温度控制措施

1. 对岩基深度超过3m的塘、槽回填混凝土，应采用分层浇筑或通水冷却等温控措施，控制混凝土最高温度，将回填混凝土温度降低到设计要求的温度后，再继续浇筑上部混凝土。

2. 预留槽必须在两侧老混凝土温度达到设计规定后，才能回填混凝土。回填混凝土应在有利季节进行或采用低温混凝土施工。

3. 并缝块浇筑前，下部混凝土温度应达到设计要求。并缝块混凝土浇筑，除必须控制浇筑温度外，还可采用薄层、短间歇均匀上升的施工方法，并应安排在有利季节进行，必要时，采用初期通水冷却或其他措施。

4. 孔洞封堵的混凝土宜采用综合温控措施，以满足设计要求。

5. 基础部分混凝土，应在有利季节进行浇筑。如需在高温季节浇筑，必须经过论证，并采取有效的温度控制措施，经批准后进行。

二、混凝土坝的分缝与分块

（一）纵缝分块

纵缝分块是用平行于坝轴线的铅直缝把坝段分为若干柱状体，所以又称为柱状分块。沿纵缝方向存在着剪应力，而灌浆形成的接缝面的抗剪强度较低，须设置键槽以增强缝面抗剪能力。键槽的两个斜面应尽可能分别与坝体的两组主应力相垂直，从而使两个斜面上的剪应力接近于零。键槽的形式有两种：不等边直角三角形和不等边梯形。为了施工方便，各条纵缝的键槽往往做成统一的形式。

为了便于键槽模板安装并使先浇块拆模后不形成易受损的突出尖角，三角形键槽模板总是安装在先浇块的铅直模板的内侧面上，直角的对边是铅直的。为了使键槽面与主应力垂直，若上游块先浇，则应使键槽直角的短边在上、长边在下。反之，下游块先浇，则应长边在上、短边在下。施工中应注意这种键槽长短边随浇筑顺序而变的关系。

在施工中由于各种原因常出现相邻块高差。混凝土浇筑后会发生冷却收缩和压缩沉降导致的变形。键槽面挤压可能引起两种恶果：一是接缝灌浆时浆路不通，影响灌浆质量；二是键槽被剪断。所以，相邻块的高差要做适当控制。高差控制多少，除与坝块温度及分缝间距等有关外，还与先浇块键槽下斜边的坡度密切相关。当长边在下，坡度较陡时，对避免挤压有利；当短边在下，坡度较缓时，容易形成挤压。所以，有些工程施工时，把相邻块高差区分为正高差和反高差两种。上游块先浇（键槽长边在下）形成的高差称为正高差，一般按 10 ~ 12m 控制。下游块先浇（键槽短边在下）形成的高差称为反高差，从严控制为 5 ~ 6m。

采用纵缝分块时，分缝间距越大，块体水平断面越大，纵缝数目和缝的总面积越小，接缝灌浆及模板作业工作量越少，但温度控制要求越严。如何处理它们之间的关系，要视具体条件而定。从混凝土坝施工发展趋势看，明显地朝着尽量减少纵缝数目，直至取消纵缝进行通仓浇筑的方向发展。

（二）斜缝分块

斜缝分块是大致沿两组主应力之一的轨迹面设置斜缝，缝是向上游或下游倾斜的。斜缝分块的主要优点是缝面上的剪应力很小，使坝体能保持较好的整体性。按理说，斜缝可以不进行接缝灌浆。如柘溪大头坝倾向上游的斜缝只做了键槽、加插筋和凿毛处理；但也有灌浆的，如桓仁大头坝的斜缝。

斜缝不能直通到坝的上游面，以避免库水渗入缝内。在斜缝终止处应采取并缝措施，如布置骑缝钢筋或设置并缝廊道，以免因应力集中导致斜缝沿缝端向上发展。

斜缝分块同样要注意均匀上升和控制相邻块高差。高差过大则两块温差过大，容易在后浇块上出现温度裂缝。

斜缝分块的主要缺点是坝块浇筑的先后顺序受到限制，如倾向上游的斜缝就必须是上游块先浇，下游块后浇，不如纵缝分块那样灵活。

（三）错缝分块

错缝分块，是沿高度错开的纵缝进行分块，又叫砌砖法。浇筑块不大（通常块长 20m 左右，块高 1.5 ~ 4m），对浇筑设备及温控的要求相应较低。因纵缝不贯通，也无须接缝灌浆。然而施工时各块相互干扰，影响施工速度；浇筑块之间相互约束，容易产生温度裂缝，尤其容易使原来错开的纵缝变为相互贯通。20 世纪 50 年代以前，苏联在低坝中采用较多，目前这种分块方式已很少采用。

（四）通仓浇筑

通仓浇筑不设纵缝，一个坝段只有一个仓。由于不设纵缝，纵缝模板、纵缝灌浆系统以及为达到灌浆温度而设置的坝体冷却设施都可以取消，因而是一个先进的分缝分块方式。由于浇筑块尺寸大，对于浇筑设备的性能，尤其对于温度控制的水平提出了更高的要求。

上述四种分块方法，以纵缝法最为普遍，中低坝可采用错缝法或不灌浆的斜缝，如采用通仓浇筑，应有专门论证和全面的温控设计。

第五节　碾压混凝土施工

一、碾压混凝土原材料及配合比

（一）胶凝材料

碾压混凝土一般采用硅酸盐水泥、中热硅酸盐水泥、普通硅酸盐水泥等，胶凝材料用量一般为 120 ~ 160kg/m^3，《水工碾压混凝土施工规范》（DL/T 5112-2000）中规定大体积建筑物内部碾压混凝土的胶凝材料用量不宜低于 130kg/m^3。

（二）骨料

与常态混凝土一样，可采用天然骨料或人工骨料，骨料最大粒径一般为 80mm。迎水面用碾压混凝土自身作为防渗体时，一般在一定宽度范围内采用二级配碾压混凝土。碾压混凝土砂率一般比常态混凝土高，取值为 32% 左右。其对砂的含水率的控制要求比常态混凝土严格，砂的含水量不稳定时，碾压混凝土施工层面易出现局部集中泌水的现象。

（三）外加剂

夏天施工一般应掺用缓凝型减水剂，以推迟凝结时间，利于层面结合；有抗冻要求时应掺用引气剂，增强碾压混凝土抗冻性，其掺量比普通混凝土高得多。

（四）掺和料

掺和料多用Ⅰ、Ⅱ级粉煤灰及其他活性掺和料。粉煤灰掺量应通过试验确定，一般为 50% ~ 70%，当掺量超过 65% 时，应做专门试验论证。

（五）水胶比

水胶比应根据设计提出的混凝土强度、拉伸变形、绝热温升和抗冻性要求确定，其值一般为 0.50 ~ 0.70。

（六）对碾压混凝土的要求

1. 混凝土质量均匀，施工过程中粗骨料不易发生分离。

2. 工作度适当，拌和物较易碾压密实，混凝土密度较大。

3. 拌和物初凝时间较长，易于保证碾压混凝土施工层面的良好黏结，层面物理力学性能好。

4. 混凝土的力学强度、抗渗性能等满足设计要求，具有较高的拉伸应变能力。

5. 对于外部碾压混凝土，要求具有适应建筑物环境条件的耐久性。

6. 碾压混凝土配合比经现场试验后调整确定。

碾压混凝土一般可用强制式或自落式搅拌机拌和，也可采用连续式搅拌机拌和，其拌和时间一般比常态混凝土延长 30s 左右，故而生产碾压混凝土时拌和楼生产率比常态混凝土低 10% 左右。碾压混凝土运输一般采用自卸汽车、皮带机、真空溜槽等方式，也有采用坝头斜坡道转运混凝土的。选取运输机具时，应注意防止或减少碾压混凝土骨料分离。

二、碾压混凝土浇筑施工工艺

（一）模板施工

规则表面采用组合钢模板，不规则表面一般采用木模板或散装钢模板。为便于碾压混凝土压实，模板一般用悬臂模板，也可用水平拉条固定。对于连续浇筑上升的坝体，应特别注意水平拉条的牢固性廊道等孔洞宜采用混凝土预制模板。碾压混凝土坝下游面为方便碾压混凝土施工，可做成台阶，并可用混凝土预制模板形成。

（二）平仓及碾压

碾压混凝土宜采用大仓面薄层连续铺筑，铺筑方法宜采用平层通仓法，碾压混凝土铺筑层应按固定方向逐条带摊铺，铺料条带宽根据施工强度确定，一般为 4 ~ 12m，铺料厚度为 35cm，压实后为 30cm，铺料后常用平仓机或平履带的大型推土机平仓。为解决一次摊铺产生骨料分离的问题，可采用二次摊铺，即先摊铺下半层，然后在其上卸料，最后摊铺成 35cm 的层厚。采用二次摊铺，料堆之间及周边集中的骨料经平仓机反复推刮后，能有效分散，再辅以人工分散处理，可改善自卸汽车铺料引起的骨料分离问题。当压实厚度较大时，也可分 2 ~ 3 次铺筑。

一条带平仓完成后立即开始碾压，振动碾一般选用自重大于 10t 的大型双滚筒自行式振动碾，作业时行走速度为 1 ~ 1.5km/h，碾压遍数通过现场试碾确定，一般为无振 2 遍加有振 6 ~ 8 遍。碾压条带间搭接宽度为 10 ~ 20cm，端头部位搭接宽度宜为 100cm 左右。条带从铺筑到碾压完成控制在 2h 左右。边角部位采用小型振动碾压实。碾压作业完成后，用核子密度仪检测其密度，达到设计要求后进行下一层碾压作业；若未达到设计要求，立即重碾，直到满足设计要求为止。模板周边无法碾压部位一般可加注与碾压混凝土相同水灰比的水泥浓浆后，用插入式振捣器振捣密实。仓面碾压混凝土的值控制在 5 ~ 10，并尽可能地加快混凝土的运输速度，缩短仓面作业时间，做到在下一层混凝土初凝前铺筑完上一层碾压混凝土。

当采用“金包银法”施工时，周边常态混凝土与内部碾压混凝土结合面尤其要注意做好接头质量。

（三）造缝

碾压混凝土一般采取几个坝段形成的大仓面通仓连续浇筑上升，坝段之间的横缝，一般可采取切缝机切缝（缝内填设金属片或其他材料）、埋设隔板或设置诱导孔等方法形成。切缝机切缝时，可采取“先切后碾”或“先碾后切”的方式，成缝面积不少于设计缝面的60%。埋设隔板造缝时，相邻隔板间隔不大于10cm，隔板高度应比压实厚度低3 ~ 5cm。设置诱导孔造缝是待碾压混凝土浇筑完一个升程后，沿分缝线用手风钻造诱导孔。成孔后孔内应填塞干燥砂子，以免上层施工时混凝土填塞诱导孔。

（四）层、缝面处理

施工过程中因故中止或其他原因造成层面间歇的，视层面间歇时间的长短采用不同的处理方法。对于层面间歇时间超过直接铺筑允许时间的，应先在层面上铺一层垫层拌和物后，然后继续进行下一层碾压混凝土摊铺、碾压作业；间隔时间超过加垫层铺筑允许时间的层面即为冷缝。

垫层拌和物可使用与碾压混凝土相适应的灰浆、砂浆或小骨料混凝土。其中，砂浆的摊铺厚度为1.0 ~ 1.5cm，碾压混凝土摊铺前，砂浆铺设随碾压混凝土铺料进行，不得超前，以保证在砂浆初凝前完成碾压混凝土的铺筑。

施工缝及冷缝必须进行缝面处理，缝面处理可用刷毛、冲毛等方法清除混凝土表面的浮浆及松动骨料。层面处理完成并清洗干净，经验收合格后，先铺垫一层拌和物，然后立即铺筑下一层混凝土继续施工。

（五）常态混凝土及变态混凝土施工

坝内常态混凝土宜与主体碾压混凝土同步进行浇筑。变态混凝土是在碾压混凝土拌和物的底部和中部铺洒同水灰比的水泥粉煤灰净浆，采用插入式振捣器将其振捣密实。灰浆应按规定用量在变态范围或距岩面或模板30 ~ 50cm范围内铺洒。相邻区域混凝土碾压时与变态区域搭接宽度应大于20cm。

（六）碾压混凝土的养护

施工过程中，碾压混凝土的仓面应保持湿润。施工间歇期间，碾压混凝土终凝后即应开始洒水养护。对水平施工缝和冷缝，洒水养护应持续至下一层碾压混凝土开始铺筑为止；对永久暴露面，有温控要求的碾压混凝土，应根据温控设计采取相应的防护措施，低温季节应有专门的防护措施。

三、碾压混凝土温度控制

（一）分缝分块

碾压混凝土施工一般采用通仓薄层连续浇筑，对于仓面很大而施工机械生产率不能满足层面间歇期要求时，对整个仓面分设几个浇筑区进行施工。为适应碾压混凝土施工的特点，碾压混凝土坝或围堰不设纵缝，横缝间距一般也比常态混凝土间距大，采用立模、切缝或在表面设置诱导孔。对于碾压混凝土围堰或小型碾压混凝土坝，也有不设横缝的通仓施工，例如隔河岩上游横向围堰及岩滩上下游横向围堰均未设横缝。对于大中型碾压混凝土坝如不设横缝，难免会出现裂缝，比如美国早期修建的几座未设横缝的大中型碾压混凝土坝均出现了较大裂缝，因此不得不进行修补。

（二）碾压混凝土温度控制标准

由于碾压混凝土胶凝材料用量少，极限拉伸值一般比常态混凝土小，其自身抗裂能力比常态混凝土差，因此其温差标准比常态混凝土严，《混凝土重力坝设计规范》(DL5108-1999）中规定，当碾压混凝土 28d 极限拉伸值不低于 0.70×10.4 时，碾压混凝土基础容许温差见表 6-2。对于外部无常态混凝土或侧面施工期暴露的碾压混凝土浇筑块，其内外温差控制标准一般在常态混凝土的基础上加 2℃～3℃。

（三）碾压混凝土温度计算

由于碾压混凝土采用通仓薄层连续浇筑上升，混凝土内部最高温度一般采用差分法或有限元法进行仿真计算。计算时每一碾压层内竖直方向设置 3 层计算点，水平方向则根据计算机容量设置不同数量计算点。碾压混凝土因胶凝材料用量少，且掺加大量粉煤灰，其水化热温升一般较低，冬季及春秋季施工时期内部最高温度比常态混凝土低。

（四）冷却水管埋设

碾压混凝土一般采取通仓浇筑，且为保证层间胶结质量，一般安排在低温季节浇筑，不需要进行初、中、后期通水冷却，从而不需要埋设冷却水管。但对于设有横缝且须进行接缝灌浆，或气温较高，混凝土最高温度不能满足要求时，也可埋设水管进行初、中、后期通水冷却。三峡工程在碾压混凝土纵向围堰及纵堰坝身段下部碾压混凝土中，均埋设了冷却水管。施工时冷却水管一般布设在混凝土缝面上，水管间距为 2m，开始采用挖槽埋设，此法费工、费时，效果亦不佳。之后改在施工缝面上直接铺设，用钢筋或铁丝固定间距，开仓时用砂浆包裹，推土机入仓时先用混凝土做垫层，避免履带压坏水管。一般在收仓后 24h 开始进行初期通水冷却，通水流量为 18～20L/min，通水时间不少于 7d，一般可降低混凝土最高温度 3℃～5℃。

（五）温控措施

碾压混凝土主要温控措施同常态混凝土一致。但铺筑季节受较大限制，高温季节表面水分散发影响层间胶结质量，一般要求在低温季节浇筑。

第五章 水利水电工程质量控制

第一节 水利水电工程质量控制体系

一、质量控制责任体系

在工程项目建设中，参与工程建设的各方，应根据国家颁布的《建设工程质量管理条例》以及合同、协议与有关文件的规定承担相应的质量责任。

（一）建设单位的质量责任

建设单位要根据工程特点和技术要求，按有关规定选择相应资质等级的勘察、设计单位和施工单位，在合同中必须有质量条款，明确质量责任，并真实、准确、齐全地提供与建设工程有关的原始资料。凡建设工程项目的勘察、设计、施工、监理以及与工程建设有关重要设备材料的采购，均实行招标，依法确定程序和方法，择优选定中标者。不得将应由一个承包单位完成的建设工程项目肢解成若干部分发包给几个承包单位；不得迫使承包方以低于成本的价格竞标；不得任意压缩合理工期；不得明示或暗示设计单位或施工单位违反建设强制性标准，降低建设工程质量。建设单位对其自行选择的设计、施工单位发生的质量问题承担相应责任。

建设单位应根据工程特点，配备相应的质量管理人员。对国家规定强制实行监理的工程项目，必须委托有相应资质等级的工程监理单位进行监理。建设单位应与监理单位签订监理合同，明确双方的责任和义务。

建设单位在工程开工前，负责办理有关施工图设计文件审查、工程施工许可证和工程质量监督手续，组织设计和施工单位认真进行检查，涉及建筑主体和承重结构变动的装修工程，建设单位应在施工前委托原设计单位或者相应资质等级的设计单位提出设计方案，经原审查机构审批后方可施工。工程项目竣工后，应及时组织设计、施工、工程监理等有关单位进行施工验收，未经验收备案或验收备案不合格的，不得交付使用。

建设单位按合同约定负责采购供应的建筑材料、建筑构配件和设备，应符合设计文件和合同要求，对发生的质量问题，应承担相应的责任。

（二）勘察、设计单位的质量责任

勘察、设计单位必须在资质等级许可的范围内承揽相应的勘察、设计任务，不允许承

揽超越其资质等级许可范围以外的任务，不得将承揽工程转包或违法分包，也不得以任何形式用其他单位的名义承揽业务或允许其他单位或个人以本单位的名义承揽业务。

勘察、设计单位必须按照国家现行的有关规定、工程建设强制性技术标准和合同要求进行勘察、设计工作，并对所编制的勘察设计文件的质量负责。勘察单位提供的地质、测量、水文等勘察成果文件必须准确。设计单位提供的设计文件应当符合国家规定的设计深度要求，注明工程合理使用年限。设计文件中选用的材料、构配件和设备，应当注明规格、型号、性能等技术生产线，不得指定生产厂、供应商。设计单位应就审查合格的施工图文件向施工单位做出详细说明，解决施工中对设计提出的问题，负责设计变更。参与工程质量事故分析，并对设计造成的质量事故，提出相应的处理方案。

（三）施工单位的质量责任

施工单位必须在其资质等级许可的范围内承揽相应的施工任务，不允许承揽超越其资质等级业务范围以外的任务，不得将承接的工程转包或违法分包，也不得以任何形式用其他施工单位的名义承揽工程或允许其他单位、个人以本单位的名义承揽工程。

施工单位对所承包的工程项目的质量负责。应当建立健全质量管理体系，落实质量责任制，确定工程项目的项目经理。技术、施工、设备采购的一项或多项实行总承包的，总承包单位应对其承包的建设工程或采购的设备的质量负责；实行总分包的工程，分包应按照分包合同约定其分包工程的质量向总承包单位负责，总承包单位与分包单位对分包工程的质量承担连带责任。

施工单位必须按照工程设计图纸和施工技术规范标准组织施工。未经设计单位同意，不得擅自修改工程设计。在施工中，必须按照工程设计要求、施工技术规范标准和合同约定，对建筑材料、构配件、设备和商品混凝土进行检验，不得偷工减料，不使用不符合设计和强制性技术标准要求的产品，不使用未经检验和试验或检验与试验不合格的产品。

（四）工程监理单位的质量责任

工程监理单位应按其资质等级许可的范围承揽工程监理业务，不允许超越本单位资质等级许可的范围或以其他工程监理单位的名义承揽工程监理业务，不得转让工程监理业务，不允许其他单位或个人以本单位的名义承揽工程监理业务。

工程监理单位应依照法律、法规以及有关技术标准、设计文件和建设工程承包合同，与建设单位签订监理合同，代表建设单位对工程质量实施监理，并对工程质量承担监理责任。监理责任主要有违法责任和违约责任两个方面。如工程监理单位故意弄虚作假，降低工程质量标准，造成质量事故，要承担法律责任。若工程监理单位与承包单位串通，谋取非法利益，给建设单位造成损失的，应当与承包单位承担连带赔偿责任。如果监理单位在责任期内，不按照监理合同约定履行监理职责，给建设单位或其他单位造成损失的，属违约责任，应当向建设单位赔偿。

（五）建筑材料、构配件及设备生产或供应单位的质量责任

建筑材料、构配件及设备生产或供应单位对其生产或供应的产品质量负责。生产商

或供应商必须具备相应的生产条件、技术装备和质量管理体系，所生产或供应的建筑材料、构配件及设备的质量应符合国家和行业现行的技术规定的合格标准与设计要求，并与说明书和包装上的质量标准相符，且应有相应的产品检验合格证，设备有详细的使用说明，等等。

二、建筑工程质量政府监督管理的职能

（一）建立和完善工程质量管理法规

工程质量管理法规包括行政性法规和工程技术规范标准，前者如《中华人民共和国建筑法》《建设工程质量管理条例》等，后者如工程设计规范、建筑工程施工质量验收统一标准、工程施工质量验收规范等。

（二）建立和落实工程质量责任制

工程质量责任制包括工程质量行政领导的责任、项目法定代表人的责任、参建单位法定代表人的责任和质量终生负责制等。

（三）建设活动主体资格的管理

国家对从事建设活动的单位实行严格的从业许可制度，对从事建设活动的专业技术人员实行严格的执业资格制度。建设行政部门及有关专业部门活动各自分工，负责对各类资质标准的审查、从业单位的资质等级的最后认定、专业技术人员资格等级和从业范围等实施动态管理。

（四）工程承发包管理

工程承发包管理包括规定工程招标承发包的范围、类型、条件，对招标承发包活动的依法监督和工程合同管理。

（五）控制工程建设程序

工程建设程序包括工程报建、施工图设计文件的审查、工程施工许可、工程材料和设备准用、工程质量监督、施工验收备案等管理。

第二节　水利水电工程的全面质量管理

一、概念

全面质量管理是以组织全员参与为基础的质量管理形式。我国从 1978 年推行全面质量管理以来，在理论和实践上都有一定的发展，并取得了成效，这为在我国贯彻实施 ISO 9000 族国际标准奠定了基础，反之，ISO 9000 族国际标准的贯彻和实施又为全面质量管理的深入发展创造了条件。我们应该在推行全面质量管理和贯彻实施 ISO 9000 族国际标准的实践中，进一步探索、总结和提高，为形成有中国特色的全面质量管理而努力。

二、全面质量管理 PDCA 循环

PDCA 循环又称戴明环，是美国质量管理专家戴明博士首先提出的，它反映了质量管理活动的规律。质量管理活动的全部过程，是质量计划的制订和组织实现的过程，这个过程就是按照PDCA循环，不停顿地周而复始地运转的。每一循环都围绕着实现预期的目标，进行计划、实施、检查和处置活动，随着对存在问题的克服、解决和改进，不断增强质量能力，提高质量水平。

PDCA循环主要包括四个阶段：计划(Plan)、实施(Do)、检查(Check)和处置(Action)。

1. 计划（ Plan)。质量管理的计划职能，包括确定或明确质量目标和制订实现质量目标的行动方案两个方面。建设工程项目的质量计划，一般由项目干系人根据其在项目实施中所承担的任务、责任范围和质量目标，分别进行质量计划而形成的质量计划体系。实践表明质量计划的严谨周密、经济合理和切实可行，是保证工作质量、产品质量和服务质量的前提条件。

2. 实施（ Do)。实施职能在于将质量的目标值，通过生产要素的投入、作业技术活动和产出过程，转换为质量的实际值。在各项质量活动实施前，根据质量计划进行行动方案的部署和交底；在实施过程中，严格执行计划的行动方案，将质量计划的各项规定和安排落实到具体的资源配置和作业技术活动中去。

3. 检查（ Check)。指对计划实施过程进行各种检查，包括作业者的自检、互检和专职管理者专检。

4. 处置(Action)。对于质量检查所发现的质量问题或质量不合格，及时进行原因分析，采取必要的措施，予以纠正，保持工程质量形成过程的受控状态。

三、全面质量管理要求

（一）全过程质量管理

任何产品或服务的质量，都有一个产生、形成和实现的过程。从全过程的角度来看，质量产生、形成和实现的整个过程是由多个相互联系、相互影响的环节所组成的，每一个环节都或轻或重地影响着最终的质量状况。为了保证和提高质量就必须把影响质量的所有环节和因素都控制起来。为此，全过程的质量管理包括了从市场调研、产品的设计开发、生产（作业），到销售、服务等全部有关过程的质量管理。换句话说，要保证产品或服务的质量，不仅要搞好生产或作业过程的质量管理，还要搞好设计过程和使用过程的质量管理。要把质量形成全过程的各个环节或有关因素控制起来，形成一个综合性的质量管理体系，做到以预防为主，防检结合，重在提高。

（二）全员质量管理

产品和服务质量是企业各方面、各部门、各环节工作质量的综合反映。企业中任何一个环节，任何一个人的工作质量都会不同程度地直接或间接地影响着产品质量或服务质量。因此，产品质量人人有责，人人关心的产品质量和服务质量，人人做好本职工作，全体参加质量管理，才能生产出顾客满意的产品。要实现全员的质量管理，应当做好三个方面的工作。

1. 必须抓好全员的质量教育和培训。教育和培训的目的有两个方面。第一，加强职工的质量意识，牢固树立“质量第一”的思想。第二，提高员工的技术能力和管理能力，增强参与意识。在教育和培训过程中，要分析不同层次员工的需求，有针对性地开展教育和培训。

2. 要制定各部门、各级各类人员的质量责任制，明确任务和职权，各司其职，密切配合，以形成一个高效、协调、严密的质量管理工作的系统。这就要求企业的管理者要勇于授权、敢于放权。授权是现代质量管理的基本要求之一。原因在于，第一，顾客和其他相关方能否满意、企业能否对市场变化做出迅速反应决定了企业能否生存。而提高反应速度的重要和有效的方式就是授权。第二，企业的职工有强烈的参与意识，同时也有很高的聪明才智，赋予他们权力和相应的责任，也能够激发他们的积极性和创造性。其次，在明确职权和职责的同时，还应该要求各部门和相关人员对于质量做出相应的承诺。当然，为了激发他们的积极性和责任心，企业应该将质量责任同奖惩机制挂起钩来。只有这样，才能够确保责、权、利三者的统一。

3. 要开展多种形式的群众性质量管理活动，充分发挥广大职工的聪明才智和当家做主的进取精神。群众性质量管理活动的重要形式之一是质量管理小组。除了质量管理小组之外，还有很多群众性质量管理活动，如合理化建议制度、和质量相关的劳动竞赛等。总之，企业应该发挥创造性，采取多种形式激发全员参与的积极性。

（三）全企业质量管理

全企业的质量管理可以从纵横两个方面来加以理解。从纵向的组织管理角度来看，质量目标的实现有赖于企业的上层、中层、基层管理乃至一线员工的通力协作，其中尤以高层管理能否全力以赴起着决定性的作用。从企业职能间的横向配合来看，要保证和提高产品质量必须使企业研制、维持和改进质量的所有活动构成一个有效的整体。全企业的质量管理可以从两个角度来理解。

1. 从组织管理的角度来看，每个企业都可以划分成上层管理、中层管理和基层管理。“全企业的质量管理”就是要求企业各管理层次都有明确的质量管理活动内容。当然，各层次活动的侧重点不同。上层管理侧重于质量决策，制定出企业的质量方针、质量目标、质量政策和质量计划，并统一组织、协调企业各部门、各环节、各类人员的质量管理活动，保证实现企业经营管理的最终目的；中层管理则要贯彻落实领导层的质量决策，运用一定的方法找到各部门的关键、薄弱环节或必须解决的重要事项，确定出本部门的目标和对策，更好地执行各自的质量职能，并对基层工作进行具体的业务管理；基层管理则要求每个职工都要严格地按标准、按规范进行生产，相互间进行分工合作，互相支持协助，并结合岗位工作，开展群众合理化建议和质量管理小组活动，不断进行作业改善。

2. 从质量职能角度看，产品质量职能是分散在全企业的有关部门中的，要保证和提高产品质量，就必须将分散在企业各部门的质量职能充分发挥出来。

但由于各部门的职责和作用不同，其质量管理的内容也是不一样的。为了有效地进行全面质量管理，就必须加强各部门之间的组织协调，并且为了从组织上、制度上保证企业长期稳定地生产出符合规定要求、满足顾客期望的产品，最终必须要建立起企业的质量管理体系，使企业的所有研制、维持和改进质量的活动构成一个有效的整体。建立和健全全企业质量管理体系，是全面质量管理深化发展的重要标志。

可见，全企业的质量管理就是要“以质量为中心，领导重视、组织落实、体系完善”。

（四）多方法质量管理

影响产品质量和服务质量的因素也越来越复杂：既有物质的因素，又有人的因素；既有技术的因素，又有管理的因素；既有企业内部的因素，又有随着现代科学技术的发展，对产品质量和服务质量提出了越来越高要求的企业外部的因素。要把这一系列的因素系统地控制起来，全面管好，就必须根据不同情况，区别不同的影响因素，广泛、灵活地运用多种多样的现代化管理办法来解决当代质量问题。

目前，质量管理中广泛使用各种方法，统计方法是重要的组成部分。除此之外，还有很多非统计方法。常用的质量管理方法有所谓的老七种工具，具体包括因果图、排列图、直方图、控制图、散布图、分层图、调查表；还有新七种工具，具体包括：关联图法、KJ 法、系统图法、矩阵图法、矩阵数据分析法、PDPC 法、矢线图法。除了以上方法外，还有很多方法，尤其是一些新方法近年来得到了广泛的关注，具体包括：质量功能展开（QFD）、故障模式和影响分析（FMEA）、头脑风暴法（Brainstorming）、“6 6 ”法、水平对比法（Benchmarking）、业务流程再造（BPR）等。

总之，为了实现质量目标，必须综合应用各种先进的管理方法和技术手段，必须善于学习和引进国内外先进企业的经验，不断改进本组织的业务流程和工作方法，不断提高组织成员的质量意识和质量技能。“多方法的质量管理”要求的是“程序科学、方法灵活、实事求是、讲求实效”。

上述“三全一多样”，都是围绕着“有效地利用人力、物力、财力、信息等资源，以最经济的手段生产出顾客满意的产品”这一企业目标的，这是我国企业推行全面质量管理的出发点和落脚点，也是全面质量管理的基本要求。坚持质量第一，把顾客的需要放在第一位，树立为顾客服务、对顾客负责的思想，是我国企业推行全面质量管理贯彻始终的指导思想。

第三节　水利水电工程质量控制方法

一、质量控制的方法

施工质量控制的方法，主要包括审核有关技术文件、报告和直接进行检查或必要的试验等。

（一）审核有关技术文件、报告或报表

对技术文件、报告、报表的审核，是项目经理对工程质量进行全面控制的重要手段，具体内容有：

1. 审核分包单位的有关技术资质证明文件，控制分包单位的质量。

2. 审核开工报告，并经现场核实。

3. 审核施工方案、质量计划、施工组织设计或施工计划，控制工程施工质量有可靠的技术措施保障。

4. 审核有关材料、半成品和构配件质量证明文件（如出场合格证、质量检验或试验报告等），确保工程质量有可靠的物质基础。

5. 审核反映工序质量动态的统计资料或控制图表。

6. 审核设计变更、修改图纸和技术核定书等，确保设计及施工图纸的质量。

7. 审核有关质量事故或质量问题的处理报告，确保质量事故或问题处理的质量。

8.审核有关新材料、新工艺、新技术、新结构的技术鉴定书，确保新技术应用的质量。

9. 审核有关工序交接检查，分部分项工程质量检查报告等文件，以确保和控制施工过程中的质量。

10. 审核并签署现场有关技术签证、文件等。

（二）现场质量检查

1. 现场质量检查的内容

（1）开工前检查。目的是检查是否具备开工条件，开工后能否连续正常施工，能否保证工程质量。

（2）工序交接检查。对重要的工序或对质量有重大影响的工序，在自检、互检的基础上，还要组织专职人员进行工序交接检查。

（3）隐蔽工程检查。凡是隐蔽工程均应检查认证后方能掩盖。

（4）停工后复工前的检查。因处理质量问题或某种原因停工后须复工时，经检查认可后方能复工。

（5）分项、分部工程完工后，经检查认可，签署验收记录后方可进行下一工程项目施工。

（6）成品保护检查。检查成品有无保护措施，或保护措施是否可靠。

此外，还应经常深入现场，对施工操作质量进行巡检，必要时还应进行跟班或追踪检查。

2. 现场进行质量检查的方法

现场进行质量检查的方法有目测法、实测法和试验法三种。

（1）目测法。其手段可归纳为看、摸、敲、照四个字。

①看，是根据质量标准进行外观目测。如清水墙面是否洁净，喷涂是否密实，颜色是否均匀，内墙抹灰大面积及口角是否平直，地面是否光洁平整，油漆浆活表现观感，等等。

②摸，是手感检查。主要用于装饰工程的某些检查项目，如水刷石、干黏石黏结牢固程度，油漆的光滑度，浆活是否掉粉，等等。

③敲，是运用工具进行音感检查。如对地面工程、装饰工程中的水磨石、面砖、大理石贴面等均应进行敲击检查，通过声音的虚实判断有无空鼓，还可根据声音的清脆和沉闷判定属于面层空鼓还是底层空鼓。

④照，指对于难以看到或光线较暗的部位，可采用镜子反射或灯光照射的方法进行检查。

（2）实测法。指通过实测数据与施工规范及质量标准所规定的允许偏差对照，来判断质量是否合格。实测检查法的手段可归纳为靠、吊、量、套四个。

①靠，是用直尺、塞尺检查墙面、地面、屋面的平整度。

②吊，是用托线板以线锤吊线检查垂直度。

③量，是用测量工具盒计量仪表等检查断面尺寸、轴线、标高、适度、温度等的偏差。这种方法用得最多，主要是检查允许偏差项目。如外墙砌砖上下窗口偏移用经纬仪或吊线检查等。

④套，是以方尺套方，辅以塞尺检查。如对阴阳角的方正、踢脚线的垂直度、预掉构件的方正等项目的检查。

（3）试验法。指必须通过试验手段，才能对质量进行判断的检查方法。如对钢筋对焊接头进行拉力试验，检验焊接的质量，等等。

①理化试验。常用的理化试验包括物理力学性能方面的检验和化学成分及含量的测定等。

物理性能有：密度、含水量、凝结时间、安定性、抗渗等。力学性能的检验有：抗拉强度、抗压强度、抗弯强度、抗折强度、冲击韧性、硬度、承载力等。

②无损测试或检验。借助专门的仪器、仪表等探测结构或材料、设备内部组织结构或损伤状态。这类仪器有：回弹仪、超声波探测仪、渗透探测仪等。

二、施工质量控制的手段

（一）施工质量的事前控制

事前控制是以施工准备工作为核心，包括开工前的施工准备、作业活动前的施工准备等工作质量控制。施工质量的事前预控途径如下：

1. 施工条件的调查和分析。包括合同条件、法规条件和现场条件，做好施工条件的调查和分析，发挥其重要的预控作用。

2. 施工图纸会审和设计交底。理解设计意图和对施工的要求，明确质量控制要点、重点和难点，以及消除施工图纸的差错，等等。因此，严格进行设计交底和图纸会审，具有重要的事前预控作用。

3. 施工组织设计文件的编制与审查。施工组织设计文件是直接指导现场施工作业技术活动和管理工作的纲领性文件。工程项目施工组织设计是以施工技术方案为核心，通盘考虑施工程序，施工质量、进度、成本和安全目标的要求 / 科学合理的施工组织设计对有效地配置合格的施工生产要素，规范施工技术活动和管理行为，将起到重要的导向作用。

4. 工程测量定位和标高基准点的控制。施工单位必须按照设计文件所确定的工程测量定位及标高的引测依据，建立工程测最基准点，自行做好技术复核，并报告项目监理机构进行复核检查。

5. 施工总（分）包单位的选择和资质的审查。对总（分）包单位资格与能力的控制是保证工程施工质量的重要方面。确定承包内容、单位及方式既直接关系到业主方的利益和风险，更关系到建设工程质量的保证问题。因此，按照我国现行法规的规定，业主在招标投标前必须对总（分）包单位进行资格审查。

6. 材料设备及部品采购质量的控制。建筑材料、构配件、半成品和设备是直接构成工程实体的物质，应该从施工备料开始进行控制，包括对供应厂商的评审、询价、采购计划与方式的控制等。施工单位必须有健全有效的采购控制程序，按照我国现行法规规定，主要材料采购前必须将采购计划报送工程监理部审查，实施采购质量预控。

7. 施工机械设备及工器具的配置与性能控制，对施工质量、安全、进度和成本有重要的影响，应在施工组织设计过程中根据施工方案的要求来确定，施工组织设计批准之后应对其落实状态进行检查控制，以保证技术预案的质量能力。

（二）施工质量的事中控制

建设项目施工过程质量控制是最基本的控制途径，因此必须抓好与作业工序质量形成相关的配套技术与管理工作，其主要途径有：

1. 施工技术复核。施工技术复核是施工过程中保证各项技术基准正确性的重要措施，凡属轴线、标高、配方、样板、加工图等用作施工依据的技术工作，都要进行严格复核。

2. 施工计量管理。包括投料计量、检测计量等，其正确性与可靠性直接关系到工程质量的形成和客观效果的评价。因此，施工全过程必须对计量人员资格、计量程序和计量器具的准确性进行控制。

3. 见证取样送检。为了保证工程质量，我国规定对工程使用的主要材料、半成品、构配件以及施工过程中留置的试块及试件等实行现场见证取样送检。见证员由建设单位及工程监理机构中有相关专业知识的人员担任，送检的试验室应具备国家或地方工程检测主管部门批准的相关资质，见证取样送检必须严格执行规定的程序，包括取样见证并记录，样本编号、填单、封箱，送试验室核对、交接、试验检测、报告。

4. 技术核定和设计变更。在工程项目施工过程中，因施工方对图纸的某些要求不甚明白，或者是图纸内部的某些矛盾，或施工配料调整与代用、改变建筑节点构造、管线位置或走向等，需要通过设计单位明确或确认的，施工方必须以技术联系单的方式向业主或监理工程师提出，报送设计单位核准确认。在施工期间，无论是建设单位、设计单位或施工单位提出，需要进行局部设计变更的内容，都必须按规定程序用书面方式进行变更。

5. 隐蔽工程验收。所谓隐蔽工程，是指上一工序的施工成果要被下一道工序所覆盖，如地基与基础工程、钢筋工程、预埋管线等均属隐蔽工程。施工过程中，总监理工程师应安排监理人员对施工过程进行巡视和检查，对隐蔽工程、下道工序施工完成后难以检查的重点部位，专业监理工程师应安排监理员进行旁站，对施工过程中出现的质量缺陷，专业监理工程师应及时下达监理工程师通知，要求承包单位整改并检查整改结果。工程项目的重点部位、关键工序应由项目监理机构与承包单位协商后共同确认。监理工程师应从巡视、检查、旁站监督等方面对工序工程质量进行严格控制。加强隐蔽工程质量验收，是施工质量控制的重要环节。其程序要求施工方首先完成自检并合格，然后填写专用的“隐蔽工程验收单”，验收的内容应与已完成的隐蔽工程实物相一致，事先通知监理机构及有关方面，按约定时间进行验收。验收合格的工程由各方共同签署验收记录。验收不合格品的隐蔽工程，应按验收意见进行整改后重新验收，应严格隐蔽工程验收的程序和记录，对于预防工程质量隐患，提供可溯的质量记录具有重要作用。

6. 其他。长期施工管理实践过程形成的质量控制途径和方法，如批量施工前应做样板示范、现场施工技术质量例会、质量控制资料管理等，也是施工过程质量控制的重要工作途径。

（三）施工质量的事后控制

施工质量的事后控制，主要是进行已完工程的成品保护、质量验收和对不合格品的处理，以保证最终验收的建设工程质量。

1. 已完工程的成品保护，目的是避免已完施工成品受到来自后续施工以及其他方面的污染或损坏。其成品保护问题和措施，在施工组织设计与计划阶段就应该从施工顺序上进行考虑，防止施工顺序不当或交叉作业造成相互干扰、污染和损坏，成品形成后可采取防护、覆盖、封闭、包裹等相应措施进行保护。

2. 施工质量检查验收作为事后质量控制的途径，应严格按照施工质量验收统一标准规定的质量验收划分，从施工顺序作业开始，依次做好检验批、分项工程、分部工程及单位工程的施工质量验收。通过多层次的设防把关，严格验收，控制建设工程项目的质量目标。

3. 当建筑工程质量不符合要求时应按下列规定进行处理：

（1）经返工重做或更换器具设备的检验批，应重新进行验收。

（2）经有资质的检测单位检测鉴定能够达到设计要求的检验批，应予以验收。

（3）经有资质的检测单位检测鉴定达不到设计要求，但经原设计单位核算认可能够满足结构安全和使用功能的检验批，可予以验收。

（4）经返修及加固处理的分项分部工程虽然改变外形尺寸，但仍能满足安全使用要求，可按技术处理方案和协商文件进行验收。

通过返修或加固处理仍不能满足安全使用要求的分部工程、单位（子单位）工程严禁验收。

第四节　水利水电工程质量评定

一、工程质量评定标准

（一）合格标准

1. 单位工程质量全部合格。

2. 工程施工期及试运行期，各单位工程观测资料分析结果均符合国家和行业技术标准以及合同约定的标准要求。

（二）优良标准

1. 单位工程质量全部合格，其中 70% 以上单位工程质量达到优良等级，且主要单位工程质量全部优良。

2. 工程施工期及试运行期，各单位工程观测资料分析结果符合国家和行业技术标准以及合同约定的标准要求。

二、工程项目施工质量评定表的填写方法

（一）表头填写

1. 工程项目名称：工程项目名称应与批准的设计文件一致。

2. 工程等级：应根据工程项目的规模、作用、类型和重要性等，按照有关规定进行划分，设计文件中一般予以明确。

3. 建设地点：主要是指工程建设项目所在行政区域或流域（河流）的名称。

4. 主要工程量：是指建筑、安装工程的主要工程数量，如土方量、石方量、混凝土方量及安装机组（台）套数量。

5. 项目法人：组织工程建设的单位。对于项目法人自己直接组织建设工程项目，项目法人建设单位的名称与建设单位的名称一般来说是一致的，项目法人名称就是建设单位名称；有的工程项目的项目法人与建设单位是一个机构两块牌子，这时建设单位的名称可填项目法人也可填建设单位的名称；对于项目法人在工程建设现场派驻有建设单位的，可以将项目法人与建设单位的名称一起填上，也可以只填建设单位。

6. 设计单位：设计单位是指承担工程项目勘测设计任务的单位，若一个工程项目由多个勘测设计单位承担时，一般均应填上，或以完成主要单位工程和完成主要工程建设任务的勘测设计单位。

7. 监理单位：指承担工程项目监理任务的监理单位。如果一个工程项目由多个监理单位监理时，一般均应填上，或填承担主要单位工程的监理单位和完成主要工程建设任务的监理单位。

8. 施工单位：施工单位是指直接与项目法人或建设单位签订工程承包合同的施工单位。若一个工程项目由多个施工单位承建时，应填承担主要单位工程和完成主要工程建设任务的施工单位。

9. 开工、竣工日期：开工日期一般指主体工程正式开工的日期，如开工仪式举行的日期，或工程承包合同中阐明的日期。工程项目的竣工日期是指工程竣工验收鉴定书签订的日期。

10. 评定日期：评定日期是指监理单位填写工程项目施工质量评定表时的日期。

（二）表身填写

此表不仅填写施工期施工质量，还应包含试运行期工程质量。

1. 单位工程名称：指该工程项目中的所有单位工程须逐个填人表中。

2. 单元工程质量统计：首先应统计每个单位工程中单元工程的个数，再统计其中每个单位工程中优良单元工程的个数，最后逐个计算每个单位工程的单元工程优良率。

3. 分部工程质量统计：先统计每个单位工程中分部工程的个数，再统计每个单位工程中优良分部工程的个数，最后计算每个单位工程中分部工程的优良率。

每个单位工程的质量等级应是以单位工程的分部工程的优良率为基础，不仅考虑优良单位工程中的主要分部工程必须优良的条件，同时应考虑到原材料质量、中间产品、金属

结构及启闭机、机电设备、重要隐蔽单元工程施工记录，以及外观质量、施工质量检验资料的完整程度和是否发生过质量事故、观测资料分析结论等情况，来确定单位工程的质量等级。该栏填写的应是经项目法人认定、质量监督机构核定后的单位工程质量等级。对于单位工程中的分部工程优良率达到 70% 以上时，若主要分部工程没有达到优良，或因原材料质量、中间产品质量、金属结构、启闭机制造质量和机电产品质量，以及外观质量、施工质量检验资料完整程序没有达到优良标准的要求，或主要分部工程中发生了质量事故或其他分部工程中发生了重大及以上质量事故，应在备注栏内予以简要说明。

（三）表尾的填写

1. 评定结构。统计本工程项目中单位工程的个数，质量全部合格。其中优良工程的个数，计算工程项目单位工程的优良率；再计算主要单位工程的优良率，它是优良等级的主要单位工程的个数与主要单位工程的总个数之比值；最后再计算工程项目的质量等级。

2. 观测资料分析结论：填写通过实测资料提供数据的分析结果。

3. 监理单位意见：水利水电工程项目一般都不止一个施工单位承建，工程项目的质量等级应由各监理单位组织评定，工程项目的总监理工程师根据各单位工程质量评定的结果，确定工程项目的质量等级。总监理工程师签名并盖监理单位公章，将其结果和有关资料报给项目法人（建设单位）。

4. 项目法人意见：若只有一个监理单位监理的工程项目，项目法人对监理单位评定的结果予以审查确认。若由多个监理单位共同监理的工程项目，每一个监理单位只能对其监理的工程建设内容的质量进行评定和复核，整个工程项目的质量评定应由项目法人组织有关人员进行评定，法定代表人或项目法人签名并盖单位公章，将结果和相关资料上报质量监督机构。

5. 质量监督机构核定意见：质量监督机构在接到项目法人（建设单位）报来的工程项目质量评定结果和有关资料后，对照有关标准，认真审查，核定工程项目的质量等级。由工程项目质量监督负责人或质量监督机构负责人签名，并盖相应质量监督机构的公章。

第五节　水利水电工程质量统计分析

一、工程质量数据

质量数据是用以描述工程质量特征性能的数据。它是进行质量控制的基础，如果没有相关的质量数据，那么科学的现代化质量控制就不会出现。

（一）质量数据的收集

质量数据的收集总的要求应当是随机抽样，即整批数据中每一个数据都有被抽到的同样机会。常用的方法有随机法、系统抽样法、二次抽样法和分层抽样法。

（二）质量数据的特征

为了进行统计分析和运用特征数据对质量进行控制，经常要使用许多统计特征数据。

统计特征数据主要有均值、中位数、极值、极差、标准偏差、变异系数。其中，均值、中位数表示数据集中的位置；极差、标准偏差、变异系数表示数据的波动情况，即分散程度。

（三）质量数据的分类

根据不同的分类标准，可以将质量数据分为不同的种类。

按质量数据所具有的特点，可以将其分为计量值数据和计数值数据；按期收集目的可分为控制性数据和验收性数据。

1. 按质量数据的特点分类

（1）计数值数据

计数值数据是不连续的离散型数据。如不合格品数、不合格的构件数等，这些反映质量状况的数据是不能用量测器具来度量的，采用计数的办法，只能出现 0、1、2 等非负数的整数。

（2）计量值数据

计量值数据是可连续取值的连续型数据。如长度、重量、面积、标高等质量特征，一般都是可以用量测工具或仪器等量测，一般都带有小数。

2. 按质量数据收集的目的分类

（1）控制性数据

控制性数据一般是以工序作为研究对象，是为分析、预测施工过程是否处于稳定状态而定期随机地抽样检验获得的质量数据。

（2）验收性数据

验收性数据是以工程的最终实体内容为研究对象，以分析、判断其质量是否达到技术标准或用户的要求，而采取随机抽样检验获取的质量数据。

（四）质量数据的波动

在工程施工过程中常可看到在相同的设备、原材料、工艺及操作人员条件下，生产的同一种产品的质量不同，反映在质量数据上，即具有波动性，其影响因素有偶然性因素和系统性因素两大类。

1. 偶然性因素造成的质量数据波动

偶然性因素引起的质量数据波动属于正常波动，偶然因素是无法或难以控制的因素，所造成的质量数据的波动量不大，没有倾向性，作用是随机的，工程质量只有偶然因素影响时，生产才处于稳定状态。

2. 系统性因素造成的质量数据波动

由系统因素造成的质量数据波动属于异常波动，系统因素是可控制、易消除的因素，这类因素不经常产生，但具有明显的倾向性，对工程质量的影响较大。

质量控制的目的就是要找出出现异常波动的原因，即系统性因素是什么，并加以排除，使质量只受随机性因素的影响。

二、质量控制统计方法

通过对质量数据的收集、整理和统计分析，找出质量的变化规律和存在的质量问题，提出进一步的改进措施，这种运用数学工具进行质量控制的方法是所有涉及质量管理的人员所必须掌握的，它可以使质量控制工作定量化和规范化。在质量控制中常用的数学工具及方法主要有以下几种。

（一）排列图法

排列图法又叫作巴雷特法、主次排列图法，是分析影响质量主要问题的有效方法，将众多的因素进行排列，主要因素就会令人一目了然。

排列图法由一个横坐标、两个纵坐标、几个长方形和一条曲线组成，左侧的纵坐标是频数或件数，右侧的纵坐标是累计频率，横轴则是项目或因素。按项目频数大小顺序在横轴上自左而右画长方形，其高度为频数，再根据右侧的纵坐标画出累计频率曲线，该曲线又叫作巴雷特曲线。

（二）直方图法

直方图法又叫作频率分布直方图，它们将产品质量频率的分布状态用直方图形来表示，根据直方图形的分布形状和与公差界限的距离来观察、探索质量分布规律，分析和判断整个生产过程是否正常。

利用直方图可以制定质量标准，确定公差范围，可以判明质量分布情况是否符合标准的要求。

（三）相关图法

产品质量与影响质量的因素之间具有一定的联系，但不一定是严格的函数关系，这种关系叫作相关关系，可利用直角坐标系将两个变量之间的关系表达出来。相关图的形式有正相关、负相关、非线性相关和无相关。此外还有调查表法、分层法等。

（四）因果分析图法

因果分析图也叫鱼刺图、树枝图，这是一种逐步深入研究和讨论质量问题的图示方法。

在工程建设过程中，任何一种质量问题的产生，一般都是多种原因造成的，这些原因有大有小，把这些原因按照大小顺序分别用主干、大枝、中枝、小枝来表示，这样，就可一目了然地观察出导致质量问题的原因，并以此为据，制定相应对策。

（五）管理图法

管理图也可以叫作控制图，它是反映生产过程随时间变化而变化的质量动态，即反映生产过程中各个阶段质量波动状态的图形。管理图利用上下控制界限，将产品质量特性控制在正常波动范围内，如果工程质量出现问题就可以通过管理图发现，进而及时制定措施进行处理。

第六节　水利水电工程竣工验收

一、自查

对于建设内容复杂、技术含量较高的水利水电工程项目，考虑到若只进行一次性竣工验收，因时间仓促而使有些问题不能进行认真细致的查验和充分讨论，而影响验收工作的质量。因此，要求在申请竣工验收前，项目法人应组织竣工验收自查。自查工作由项目法人主持，勘测、设计、监理、施工、主要设备制造（供应）商以及运行管理等单位的代表参加。项目法人组织工程竣工验收自查前，应提前10个工作日通知质量和安全监督机构，同时向法人验收监督管理机关报告。质量和安全监督机构应派员列席自查工作会议。

（一）自查条件

1. 工程主要建设内容已按批准设计全部完成。
2. 各单位工程的质量等级已经质量监督机构核定。
3. 工程投资已基本到位，并具备财务决算条件。
4. 有关验收报告已准备就绪。

初步验收一般应成立初步验收工作组，组长由项目法人担任，其成员通常由设计、施工、监理、质量监督、运行管理和有关上级主管单位的代表及有关专家组成。质量监督部门不仅要参加竣工验收自查工作组，还要提出质量评定报告，并在竣工验收自查工作报告上签字。

（二）自查内容

1. 竣工验收自查应包括以下主要内容：

（1）检查有关单位的工作报告。

（2）检查工程建设情况，评定工程项目施工质量等级。

（3）检查历次验收、专项验收的遗留问题和工程初期运行所发现问题的处理情况。

（4）确定工程尾工内容及其完成期限和责任单位。

（5）对竣工验收前应完成的工作做出安排。

（6）讨论并通过竣工验收自查工作报告。

项目法人应在完成竣工验收自查工作之日起 10 个工作日内，将自查的工程项目质量结论和相关资料报质量监督机构核备。

2. 竣工验收自查工作报告主要内容如下：

前言（包括组织机构、自查工作过程等）

一、工程概况

（一）工程名称及位置

（二）工程主要建设内容

（三）工程建设过程

二、工程项目完成情况

（一）工程项目完成情况

（二）完成工程量与初设批复工程量比较

（三）工程验收情况

（四）工程投资完成及审计情况

（五）工程项目移交和运行情况

三、工程项目质量评定

四、验收遗留问题处理情况

五、尾工及安排意见

六、存在的问题及处理意见

七、结论

八、工程项目竣工验收检查工作组成员签字表

参加竣工验收自查的人员应在自查工作报告上签字。项目法人应自竣工验收自查工作报告通过之日起 30 个工作日内，将自查报告报法人验收监督管理机关。

二、工程质量抽样检测

（一）竣工验收主持单位

1. 根据竣工验收的需要，竣工验收主持单位可以委托具有相应资质的工程质量检测单位对工程质量进行抽样检测。

2. 根据竣工验收主持单位的要求和项目的具体情况，项目法人应负责提出工程质量抽样检测的项目、内容和数量，经质量监督机构审核后报竣工验收主持单位核定。

3. 项目法人自收到检测报告的 10 个工作日内，应获取工程质量检测报告。

（二）项目法人

1. 项目法人与竣工验收主持单位委托的具有相应资质工程质量检测单位签订工程质量检测合同。检测所需费用由项目法人列支，质量不合格工程所发生的检测费用由责任单位承担。

2. 根据竣工验收主持单位的要求和项目的具体情况，项目法人应负责提出工程质量抽

样检测的项目、内容和数量，经质量监督机构审核后报竣工验收主持单位核定。

3. 项目法人应自收到检测报告 10 个工作日内将其上报竣工验收主持单位。

4. 对抽样检测中发现的质量问题，项目法人应及时组织有关单位研究处理。在影响工程安全运行以及使用功能的质量问题未处理完毕前，不得进行竣工验收。

5. 不得与工程质量检测单位隶属同一经营实体。

（三）工程质量检测单位

1. 应具有相应工程质量检测资质。

2. 应按照有关技术标准对工程进行质量检测，按合同要求及时提出质量检测报告并对检测结论负责。

3. 不得与工程建设的项目法人、设计、监理、施工、设备制造（供应）商等单位隶属同一经营实体。

三、竣工技术预验收

对于建设内容复杂、技术含量较高的水利水电工程项目，考虑到若只进行一次性竣工验收，因时间仓促而使有些问题不能进行认真细致的查验和充分讨论，而影响验收工作的质量。因此，要求在竣工验收之前进行一次技术性的预验收。

竣工技术预验收应由竣工验收主持单位组织的专家组负责，专家组成员通常有设计、施工、监理、质量监督、运行管理等单位代表以及有关专家组成。竣工技术预验收专家组成员应具有高级技术职称或相应执业资格，2/3 以上成员应来自工程非参建单位。工程参建单位的代表应参加技术预验收，负责回答专家组提出的问题。竣工技术预验收专家组可下设专业工作组，并在各专业工作组检查意见的基础上形成竣工技术预验收工作报告。

（一）竣工技术预验收的主要工作内容

1. 检查工程是否按批准的设计完成。

2. 检查工程是否存在质量隐患和影响工程安全运行的问题。

3. 检查历次验收、专项验收的遗留问题和工程初期运行中所发现问题的处理情况。

4. 对工程重大技术问题做出评价。

5. 检查工程尾工安排情况。

6. 鉴定工程施工质量。

7. 检查工程投资、财务情况。

8. 对验收中发现的问题提出处理意见。

（二）竣工技术预验收的工作程序

1. 现场检查工程建设情况并查阅有关工程建设资料。

2. 听取项目法人、设计、监理、施工、质量和安全监督机构、运行管理等单位工作报告。

3. 听取竣工验收技术鉴定报告和工程质量抽样检测报告。
4. 专业工作组讨论并形成各专业工作组意见。
5. 讨论并通过竣工技术预验收工作报告。
6. 讨论并形成竣工验收鉴定书初稿。

（三）竣工技术预验收工作报告格式

前言（包括验收依据、组织机构、验收过程等）
第一部分工程建设
一、工程概况
（一）工程名称、位置
（二）工程主要任务和作用
（三）工程设计主要内容
1. 工程立项、设计批复文件
2. 设计标准、规模及主要技术经济指标
3. 主要建设内容及建设工期
二、工程施工过程
1. 主要工程开工、完工时间（附表）
2. 重大技术问题及处理
3. 重大设计变更
三、工程完成情况和完成的主要工程量
四、工程验收、鉴定情况
（一）单位工程验收
（二）阶段验收
（三）专项验收（包括主要结论）
（四）竣工验收技术鉴定（包括主要结论）
五、工程质量
（一）工程质量监督
（二）工程项目划分
（三）工程质量检测
（四）工程质量核定
六、工程运行管理
（一）管理机构、人员和经费
（二）工程移交
七、工程初期运行及效益
（一）工程初期运行情况
（二）工程初期运行效益
（三）初期运行监控资料分析
八、历次验收及相关鉴定提出的主要问题的处理情况

九、工程尾工安排
十、评价意见
第二部分专项工程（工作）及验收
一、征地补偿和移民安置
（一）规划（设计）情况
（二）完成情况
（三）验收情况及主要结论
二、水土保持设施
（一）设计情况
（二）完成情况
（三）验收情况及主要结论
三、环境保护
（一）设计情况
（二）完成情况
（三）验收情况及主要结论
四、工程档案（验收情况及主要结论）
五、消防设施（验收情况及主要结论）
六、其他
第三部分财务审计
一、概算批复
二、投资计划下达及资金到位
三、投资完成及交付资产
四、征地拆迁及移民安置资金
五、结余资金
六、预计未完工程投资及费用
七、财务管理
八、竣工财务决算报告编制
九、稽查、检查、审计
十、评价意见
第四部分意见和建议
第五部分结论
第六部分竣工技术预验收专家组专家签名表

四、竣工验收

（一）竣工验收单位构成

竣工验收委员会可设主任委员 1 名，副主任委员以及委员若干名，主任委员应由验收主持单位代表担任。竣工验收委员会由竣工验收主持单位、有关地方人民政府和部门、有关水行政主管部门和流域管理机构、质量和安全监督机构、运行管理单位的代表以及有关专家组成。对于技术较复杂的工程，可以吸收有关方面的专家以个人身份参加验收委员会。

竣工验收的主持单位按以下原则确定：

1. 中央投资和管理的项目，由水利部或水利部授权流域机构主持。

2. 中央投资、地方管理的项目，由水利部或流域机构与地方政府或省一级水行政主管部门共同主持，原则上由水利部或流域机构代表担任验收主任委员。

3. 中央和地方合资建设的项目，由水利部或流域机构主持。

4. 地方投资和管理的项目由地方政府或水行政主管部门主持。

5. 地方与地方合资建设的项目，由合资各方共同主持，原则上由主要投资方代表担任验收委员会主任委员。

6. 多种渠道集资兴建的甲类项目由当地水行政主管部门主持；乙类项目由主要出资方主持，水行政主管部门派员参加。大型项目的验收主持单位要报省级水行政主管部门批准。

7. 国家重点工程按国家有关规定执行。

为了更好地保证验收工作的公正和合理，各参建单位如项目法人、勘测、设计、监理、施工和主要设备制造（供应）商等单位应派代表参加竣工验收，负责解答验收委员会提出的问题，并作为被验收单位代表在验收鉴定书上签字。

项目法人应在竣工验收前一定的期限内（通常为 1 个月左右），向竣工验收的主持单位递交《竣工验收申请报告》，可以让主持竣工验收单位与其他有关单位有一定的协商时间，同时也有一定的时间来检查工程是否具备竣工验收条件。项目法人还应在竣工验收前一定的期限内（通常为半个月左右）将有关材料送达竣工验收委员会成员单位，以便验收委员会成员有足够的时间审阅有关资料，澄清有关问题。《竣工验收申请报告》通常包括如下内容：

（1）工程完成情况。

（2）验收条件检查结果。

（3）验收组织准备情况。

（4）建议验收时间、地点和参加单位。

验收主持单位在接到项目法人《竣工验收申请报告》后，应同有关单位进行协商，拟定验收时间、地点及验收委员会组成单位等有关事宜，批复验收申请报告。

（二）竣工验收主要内容与程序

1. 现场检查工程建设情况及查阅有关资料。

2. 召开大会：

（1）宣布验收委员会组成人员名单。

（2）观看工程建设声像资料。

（3）听取工程建设管理工作报告。

（4）听取竣工技术预验收工作报告。

（5）听取验收委员会确定的其他报告。

（6）讨论并通过竣工验收鉴定书。

（7）验收委员会委员和被验收单位代表在竣工验收鉴定书上签字。

（三）竣工验收鉴定

1. 工程项目质量达到合格以上等级的，竣工验收的质量结论意见为合格。

2. 竣工验收鉴定书格式如下。数量按验收委员会组成单位、工程主要参建单位各 1 份以及归档所需要份数确定。自鉴定书通过之日起 30 个工作日内，由竣工验收主持单位发送有关单位。

竣工验收鉴定书格式：

前言（包括验收依据、组织机构、验收过程等）

一、工程设计和完成情况

（一）工程名称及位置

（二）工程主要任务和作用

（三）工程设计主要内容

1. 工程立项、设计批复文件

2. 设计标准、规模及主要技术经济指标

3. 主要建设内容及建设工期

4. 工程投资及投资来源

（四）工程建设有关单位（可附表）

（五）工程施工过程

1. 主要工程开工、完工时间

2. 重大设计变更

3. 重大技术问题及处理情况

（六）工程完成情况和完成的主要工程量

（七）征地补偿及移民安置

（八）水土保持设施

（九）环境保护工程

二、工程验收及鉴定情况

（一）单位工程验收

（二）阶段验收

（三）专项验收

（四）竣工验收技术鉴定

三、历次验收及相关鉴定提出问题的处理情况

四、工程质量

（一）工程质量监督

（二）工程项目划分

（三）工程质量抽检（如有时）

（四）工程质量核定

五、概算执行情况

（一）投资计划下达及资金到位

（二）投资完成及交付资产

（三）征地补偿和移民安置资金

（四）结余资金

（五）预计未完工程投资及预留费用

（六）竣工财务决算报告编制

（七）审计

六、工程尾工安排

七、工程运行管理情况

（一）管理机构、人员和经费情况

（二）工程移交

八、工程初期运行及效益

（一）初期运行管理

（二）初期运行效益

（三）初期运行监测资料分析

九、竣工技术预验收

十、意见和建议

十一、结论

十二、保留意见（应有本人签字）

十三、验收委员会委员和被验单位代表签字表

十四、附件：竣工技术预验收工作报告

第六章　水利水电施工用电安全管理

第一节　施工现场临时用电的原则和管理

一、施工现场临时用电的原则

（一）采用 TN-S 接零保护系统

TN-S 接零保护系统（简称 TN-S 系统）是指在施工现场临时用电工程中采用具有专用保护零线（PE 线）、电源中性点直接接地的 220 / 380 V 三相四线制的低压电力系统，或称三相五线系统。该系统的主要技术特点是：

1. 电力变压器低压侧中性点直接接地，接地电阻值不大于 4Ω。

2. 电力变压器低压侧共引出五条线，其中除引出三条分别为黄、绿、红的绝缘相线（火线）L_1、L_2、L_3（A、B、C）外，尚须于变压器二次侧中性点（N）接地处同时引出两条零线，一条叫工作零线（浅蓝色绝缘线）（N 线），另一条叫作保护零线（PE 线）。其中工作零线（N 线）与相线（L_1、L_2、L_3）一起作为三相四线制工作线路使用；保护零线（PE 线）只做电气设备接零保护使用，即只用于连接电气设备正常情况下不带电的金属外壳、基座等。两种零线（N 和 PE）不得混用，为防止无意识混用，保护零线（PE 线）应采用具有绿 / 黄双色绝缘标志的绝缘铜线，以与工作零线和相线区别。同时，为保证接零保护系统可靠，在整个施工现场的 PE 线上还应做不少于三处重复接地，且每处接地电阻值不得大于 10Ω。

（二）采用三级配电系统

所谓三级配电系统是指施工现场从电源进线开始至用电设备中间应经过三级配电装置配送电力，即由总配电箱（配电室内的配电柜）经分配电箱（负荷或若干用电设备相对集中处），到开关箱（用电设备处）分三个层次逐级配送电力。而开关箱作为末级配电装置，与用电设备之间必须实行“一机一闸制”，即每一台用电设备必须有自己专用的控制开关箱，而每一个开关箱只能控制一台用电设备。总配电箱、分配电箱内开关电器可设若干分路，且动力与照明宜分路设置。

（三）采用二级漏电保护系统

所谓二级漏电保护是指在整个施工现场临时用电工程中，总配电箱中必须装设漏电保护器，开关箱中也必须装设漏电保护器。这种由总配电箱和所有开关箱中的漏电保护器所构成的漏电保护系统称为二级漏电保护系统。

在施工现场临时用电工程中，除应记住有三项基本原则以外，还应理解有两道防线：一道防线是采用 TN-S 接零保护系统，另一道防线设立了两级漏电保护系统。在施工现场用电工程中采用 TN-S 系统，是在工作零线（N）以外又增加了一条保护零线（PE），是十分必要的。当三相火线用电量不均匀时，工作零线 N 就容易带电，而 PE 线始终不带电，那么随着 PE 线在施工现场的敷设和漏电保护器的使用，就形成一个覆盖整个施工现场防止人身（间接接触）触电的安全保护系统。因此 TN-S 接零保护系统与两级漏电保护系统一起被称为防触电保护系统的两道防线。

二、施工现场临时用电管理

（一）施工现场用电组织设计

施工现场用电设备在 5 台及以上或设备总容量在 50 kW 及以上者，应编制用电组织设计。

临时用电组织设计变更时，必须履行“编制、审核、批准”程序，由电气技术人员负责编制，经相关部门审核及具有法人资格企业的技术负责人批准后实施。变更用电组织设计时应补充有关图纸资料。

临时用电工程必须经编制、审核、批准部门和使用单位共同验收，合格后方可投入使用。

编制用电组织设计的目的是用以指导建造适应施工现场特点和用电特性的用电工程，并且指导所建用电工程的正确使用。用电组织设计应由电气工程技术人员组织编写。

施工现场用电组织设计的基本内容：

第一，现场勘测。

第二，确定电源进线、变电所或配电室、配电装置、用电设备位置及线路走向要依据现场勘测资料提供的技术条件综合确定。

第三，进行负荷计算，负荷是电力负荷的简称，是指电气设备（例如变压器、发电机、配电装置、配电线路、用电设备等）中的电流和功率。

负荷在配电系统设计中是选择电器、导线、电缆，以及供电变压器和发电机的重要依据。

第四，选择变压器，施工现场电力变压器的选择主要是指为施工现场用电提供电力的 10/0.4 kV 级电力变压器的型式和容量的选择。

第五，设计配电系统，配电系统主要由配电线路、配电装置和接地装置三部分组成。其中配电装置是整个配电系统的枢纽，经过配电线路、接地装置的连接，形成一个分层次的配电网络，这就是配电系统。

第六，设计防雷装置，施工现场的防雷主要是防止雷击，对于施工现场专设的临时变压器还要考虑防感应雷的问题。

施工现场防雷装置设计的主要内容是选择和确定防雷装置设置的位置、防雷装置的型式、防雷接地的方式和防雷接地电阻值。所有防雷冲击接地电阻值均不得大于 30Ω。

第七，确定防护措施，施工现场在电气领域里的防护主要是指施工现场外电线路和电气设备对易燃易爆物、腐蚀介质、机械损伤、电磁感应、静电等危险环境因素的防护。

第八，制定安全用电措施和电气防火措施，安全用电措施和电气防火措施是指为了正确使用现场用电工程，并保证其安全运行，防止各种触电事故和电气火灾事故而制定的技术性和管理性规定。

对于用电设备在 5 台以下和设备总容量在 50 kW 以下的小型施工现场，可以不系统编制用电组织设计，但仍应制定安全用电措施和电气防火措施，并且要履行与用电组织设计相同的“编、审、批”程序。

（二）建筑电工及用电人员

1. 建筑电工

电工属于特种作业人员，必须是经过按国家现行标准考核合格后，持证上岗工作；其他用电人员必须通过相关安全教育培训和技术交底，考核后方可上岗工作。

2. 用电人员

用电人员是指施工现场操作用电设备的人员，诸如各种电动建筑机械和手持式电动工具的操作者和使用者。各类用电人员必须通过安全教育培训和技术交底，掌握安全用电基本知识，熟悉所用设备性能和操作技术，掌握劳动保护方法，并且考核合格。

（三）安全技术档案

施工现场用电安全技术档案应包括以下八个方面的内容，它们是施工现场用电安全管理工作重点的集中体现。

1. 用电组织设计的全部资料。
2. 修改用电组织设计资料。
3. 用电技术交底资料。
4. 用电工程检查验收表。
5. 电气设备试、检验凭单和调试记录。
6. 接地电阻、绝缘电阻、漏电保护器、漏电动作参数测定记录表。
7. 定期检（复）查表。
8. 电工安装、巡检、维修、拆除工作记录。

临时用电工程定期检查应按分部、分项工程进行，对安全隐患必须及时处理，并应履行复查验收手续。

第二节　接地装置与防雷

一、接地装置

接地装置是构成施工现场用电基本保护系统的主要组成部分之一，是施工现场用电工程的基础性安全装置。在施工现场用电工程中，电力变压器二次侧（低压侧）中性点要直接接地，PE 线要做重复接地，高大建筑机械和高架金属设施要做防雷接地，产生静电的设备要做防静电接地。

（一）接地装置种类

设备与大地做电气连接或金属性连接，称谓接地。电气设备的接地，通常的方法是将金属导体埋入地中，并通过导体与设备做电气连接（金属性连接）。这种埋入地中直接与地接触的金属物体称为接地体，而连接设备与接地体的金属导体称为接地线，接地体与接地线的连接组合就称为接地装置。

1. 接地体

接地体一般分为自然接地体和人工接地体两种。

（1）自然接地体

自然接地体是指原已埋入地下并可兼作接地用的金属物体。例如原已埋入地中的直接与地接触的钢筋混凝土基础中的钢筋结构、金属井管、非燃气金属管道、铠装电缆（铅包电缆除外）的金属外皮等，均可作为自然接地体。

（2）人工接地体

人工接地体是指人为埋入地中直接与地接触的金属物体。简言之，即人工埋入地中的接地体。用作人工接地体的金属材料通常可以采用圆钢、钢管、角钢、扁钢，及其焊接件，但不得采用螺纹钢和铝材。

2. 接地线

接地线可以分为自然接地线和人工接地线。

（1）自然接地线

自然接地线是指设备本身原已具备的接地线。如钢筋混凝土构件的钢筋、穿线钢管、铠装电缆（铅包电缆除外）的金属外皮等。自然接地线可用于一般场所各种接地的接地线，但在有爆炸危险场所只能用作辅助接地线。自然接地线各部分之间应保证电气连接，严禁采用不能保证可靠电气连接的水管和既不能保证电气连接又有可能引起爆炸危险的燃气管道作为自然接地线。

（2）人工接地线

人工接地线是指人为设置的接地线。人工接地线一般可采用圆钢、钢管、角钢、扁钢等钢质材料，但接地线直接与电气设备相连的部分以及采用钢接地线有困难时，应采用绝缘铜线。

3. 接地装置的敷设

接地装置的敷设应遵循下述原则和要求：

（1）应充分利用自然接地体。当无自然接地体可利用，或自然接地体电阻不符合要求，或自然接地体运行中各部分连接不可靠，或有爆炸危险场所，则须敷设人工接地体。

（2）应尽量利用自然接地线。当无自然接地线可利用，或自然接地线不符合要求，或自然接地线运行中各部分连接不可靠，或有爆炸危险场所，则须敷设人工接地线。

（3）人工接地体可垂直敷设或水平敷设。垂直敷设时，接地体相互间距不宜小于其长度的 2 倍，顶端埋深一般为 0.8 m；水平敷设时，接地体相互间距不宜小于 5 m，埋深一般不小于 0.8 m。

（4）接地体和接地线之间的连接必须采用焊接，其焊接长度应符合下列要求：

①扁钢与钢管（或角钢）焊接时，搭接长度为扁钢宽度的 2 倍，且至少 3 面焊接。

②圆钢与钢管（或角钢）焊接时，搭接长度为圆钢直径的 6 倍，且至少 2 个长面焊接。

（5）接地线可用扁钢或圆钢。接地线应引出地面，在扁钢上端打孔或在圆钢上焊钢板打孔用螺栓加垫与保护零线（或保护零线引下线）连接牢固，要注意除锈，保证电气连接。

（6）接地线及其连接处如位于潮湿或腐蚀介质场所，应涂刷防潮、防腐蚀油漆。

（7）每一组接地装置的接地线应采用两根及以上导体，并在不同点与接地体焊接。

（8）接地体周围不得有垃圾或非导体杂物，且应与土壤紧密接触。

应当特别注意，金属燃气管道不能用作自然接地体或接地线，螺纹钢和铝板不能用作人工接地体。

（二）接地的类型

施工现场临时用电工程中，接地主要包括工作接地、保护接地、重复接地和防雷接地四种。

1. 工作接地

施工现场临时用电工程中，因运行需要的接地（例如三相供电系统中，电源中性点的接地）称为工作接地。在工作接地的情况下，大地作为一根导线，而且能够稳定设备导电部分的对地电压。

2. 保护接地

施工现场临时用电工程中，因漏电保护需要，将电气设备正常情况下不带电的金属外壳和机械设备的金属构件（架）接地，称为保护接地。在保护接地的情况下，能够保证工作人员的安全和设备的可靠工作。

3. 重复接地

在中性点直接接地的电力系统中，为了保证接地的作用和效果，除在中性点处直接接地外，还须在中性线上的一处或多处再做接地，称为重复接地。

电力系统的中性点，是指三相电力系统中绕组或线圈采用星形连接的电力设备（如发电机、变压器等）各相的连接对称点和电压平衡点，其对地电位在电力系统正常运行时为零或接近于零。

4. 防雷接地

防雷装置（避雷针、避雷器、避雷线等）的接地，称为防雷接地。防雷接地的设置主要是用作雷击时将雷电流泄入大地，从而保护设备、设施和人员等的安全。

二、防雷

（一）防雷装置

雷电是一种破坏力、危害性极大的大自然现象，要想消除它是不可能的，但消除其危害却是可能的。即可通过设置一种装置，人为控制和限制雷电发生的位置，并使其不至于危害到需要保护的人、设备或设施。这种装置称作防雷装置或避雷装置。

（二）防雷部位的确定

参照现行国家标准《建筑物防雷设计规范》（GB 50057—2010），施工现场需要考虑防止雷击的部位主要是塔式起重机、物料提升机、外用电梯等高大机械设备及钢脚手架、在建工程金属结构等高架设施，并且其防雷等级可按三类防雷对待。防感应雷的部位则是设置现场变电所的进、出线处。

首先应考虑邻近建筑物或设施是否有防止雷击装置，如果有，它们是在其保护范围以内，还是在其保护范围以外。如果施工现场的起重机、物料提升机、外用电梯等机械设备，以及钢管脚手架和正在施工的在建工程等的金属结构，在相邻建筑物、构筑物等设施的防雷装置保护范围以外，则应按规定安装防雷装置。

（三）防雷保护范围

防雷保护范围是指接闪器对直击雷的保护范围。

接闪器防止雷击的保护范围是按“滚球法”确定的，所谓滚球法是指选择一个半径为 h_r，由防雷类别确定的一个可以滚动的球体，沿需要防直击雷的部位滚动，当球体只触及接闪器（包括被利用作为接闪器的金属物），或只触及接闪器和地面（包括与大地接触并能承受雷击的金属物），而不触及需要保护的部位时，则该未被触及部分就得到接闪器的保护。

第三节　供配电与基本保护系统

一、供配电系统

施工现场用电工程的基本供配电系统应当按三级设置，即采用三级配电。

（一）系统的基本结构

三级配电是指施工现场从电源进线开始至用电设备之间，应经过三级配电装置配送电力。即由总配电箱（一级箱）或配电室的配电柜开始，依次经由分配电箱（二级箱）、开关箱（三级箱）到用电设备。这种分三个层次逐级配送电力的系统就称为三级配电系统。它的基本结构形式可用一个系统框图来形象化地描述。

（二）系统的设置原则

三级配电系统应遵守四项规则，即分级分路规则，动、照分设规则，压缩配电间距规则和环境安全规则。

1. 分级分路

（1）从一级总配电箱（配电柜）向二级分配电箱配电可以分路。即一个总配电箱（配电柜）可以分若干分路向若干分配电箱配电，每一分路也可分支支接若干分配电箱。

（2）从二级分配电箱向三级开关箱配电同样也可以分路。即一个分配电箱也可以分若干分路向若干开关箱配电，而其每一分路也可以支接或链接若干开关箱。

（3）从三级开关箱向用电设备配电实行所谓“一机一闸”制，不存在分路问题。即每一开关箱只能连接控制一台与其相关的用电设备（含插座），包括一组不超过 30 A 负荷的照明器，或每一台用电设备必须有其独立专用的开关箱。

按照分级分路规则的要求，在三级配电系统中，任何用电设备均不得越级配电，即其电源线不得直接连接于分配电箱或总配电箱；任何配电装置不得挂接其他临时用电设备。否则，三级配电系统的结构型式和分级分路规则将被破坏。

2. 动、照分设

（1）动力配电箱与照明配电箱宜分别设置；若动力与照明合置于同一配电箱内共箱配电，则动力与照明应分路配电。

（2）动力开关箱与照明开关箱必须分箱设置，不存在共箱分路设置问题。

3. 压缩配电间距

压缩配电间距规则是指除总配电箱、配电室（配电柜）外，分配电箱与开关箱之间，开关箱与用电设备之间的空间间距尽量缩短。压缩配电间距规则可用以下三个要点说明：

（1）分配电箱应设在用电设备或负荷相对集中的区域。

（2）分配电箱与开关箱的距离不得超过 30 m。

（3）开关箱与其供电的固定式用电设备的水平距离不宜超过 3 m。

4. 环境安全

环境安全规则是指配电系统对其设置和运行环境安全因素的要求，主要包括对易燃易爆物、腐蚀介质、机械损伤、电磁辐射、静电等因素的防护要求，防止由其引发设备损坏、触电和电气火灾事故。

二、基本保护系统

施工现场的用电系统，不论其供电方式如何，都属于电源中性点直接接地的 220 / 380 V 三相四线制低压电力系统。为了保证用电过程中系统能够安全、可靠地运行，并对系统本身在运行过程中可能出现的接零、短路、过载、漏电等故障进行自我保护，在系统结构配置中必须设置一些与保护要求相适应的子系统，即接零保护系统、过载与短路保护系统、漏电保护系统等，他们的组合就是用电系统的基本保护系统。

（一）TN-S 接零保护系统

1.TN–S 系统的确定

（1）在施工现场用电工程专用的电源中性点直接接地的 220 / 380 V 三相四线制低压电力系统中，必须采用 TN–S 接零保护系统，严禁采用 TN–C 接零保护系统。

（2）当施工现场与外电线路共用同一供电系统时，电气设备的接地、接零保护应与原系统保持一致。不得一部分设备做保护接零，另一部分设备做保护接地。

当采用 TN 系统做保护接零时，工作零线（N 线）必须通过总漏电保护器，保护零线（PE 线）必须由电源进线零线重复接地处或总漏电保护器电源侧零线处，引出形成局部 TN–S 接零保护系统。

（3）供电方采用三相四线供电，且供电方配电室控制柜内有漏电保护器，此时从施工现场配电室总配电箱电源侧零线或总漏电保护器电源侧零线处引出保护零线（PE 线），供电方配电室内漏电保护器就会跳闸。于是，有的施工单位电工从施工现场配电室（总配电箱）处的重复接地装置引出 PE 线，这种做法是不恰当的，因为这样做，施工现场临时用电系统仍属于TT系统。正确的方法是从供电方配电室内控制柜电源侧零线上引出PE线。

2.PE 线的设置规则

采用 TN–S 和局部 TN–S 接零保护系统时，PE 线的设置应遵循下述规则：

（1）PE 线的引出位置。对于专用变压器供电时的 TN–S 接零保护系统，PE 线必须由工作接地线、配电室（总配电箱）电源侧零线或总漏电保护器（RCD）电源侧零线处引出；对于共用变压器三相四线供电时的局部 TN–S 接零保护系统，PE 线必须由电源进线零线重复接地处或总漏电保护器电源侧零线处引出。

（2）PE 线与 N 线的连接关系。经过总漏电保护器 PE 线和 N 线分开，其后不得再做电气连接。

（3）PE 线与 N 线的应用区别。PE 线是保护零线，只用于连接电气设备外露可导电部分，在正常工作情况下无电流通过，且与大地保持等电位；N 线是工作零线，作为电源线用于连接单相设备或三相四线设备，在正常工作情况下会有电流通过，被视为带电部分，且对地呈现电压。所以，在实用中不得混用或代用。

（4）PE 线的重复接地。重复接地的数量不少于 3 处，设置重复接地的部位可为：总配电箱(配电柜)处；各分路分配电箱处；各分路最远端用电设备开关箱处；塔式起重机、施工升降机、物料提升机、混凝土搅拌站等大型施工机械设备开关箱处。

重复接地必须与 PE 线相连接，严禁与 N 线相连接，否则 N 线中的电流将会流经大地和电源中性点工作接地处形成回路，使PE线对地电位升高而带电。PE线重复接地的目的，一是降低 PE 线的接地电阻，二是防止 PE 线断线而导致接零保护失效。

（5）PE 线的绝缘色。为了明显区分 PE 线和 N 线以及相线，按照国家统一标准，PE 线一律采用绿 / 黄双色绝缘线。

（6）PE 线所用材质与相线、工作零线（N 线）相同时，其最小截面应符合规定。

在施工现场用电工程的用电系统中，作为电源的电力变压器和发电机中性点直接接地的工作接地电阻值，在一般情况下都取不大于 4Ω。

（二）漏电保护系统

漏电保护系统的设置要点：

1. 漏电保护器的设置位置。在施工现场基本供配电系统的总配电箱（配电柜）和开关箱首、末二级配电装置中，设置漏电保护器。其中，总配电箱（配电柜）中的漏电保护器可以设置于总路，也可以设置于分路，但不必重叠设置。

2. 实行分级、分段漏电保护原则。实行分级、分段漏电保护的具体体现是合理选择总配电箱（配电柜）、开关箱中漏电保护器的额定漏电动作参数。

（三）过载短路保护系统

当电气设备和线路因其负荷（电流）超过额定值而发生过载故障，或因其绝缘损坏而发生短路故障时，就会因电流过大而烧毁绝缘，引起漏电和电气火灾。

过载和短路故障使电气设备和线路不能正常使用，造成财产损失，甚至使整个用电系统瘫痪，严重影响正常施工，还可能引发触电伤害事故。所以对过载、短路故障的危害必须采取有效的预防性措施。

预防过载、短路故障危害的有效措施就是在基本供配电系统中设置过载、短路保护系统。过载、短路保护系统可通过在总配电箱、分配电箱、开关箱中设置过载、短路保护电器中实现。这里需要指出，过载、短路保护系统必须按三级设置，即在总配电箱、分配电箱、开关箱及其各分路中都要设置过载、短路保护电器，并且其过载、短路保护动作参数应逐级合理选取，以实现三级保护的选择性配合。用作过载、短路保护的电器主要有各种类型的断路器和熔断器。其中，断路器以塑壳式断路器为宜；熔断器则应选用具有可靠灭弧分段功能的产品，不得以普通熔丝替代。

第四节 配电线路与装置设备

一、配电线路

（一）架空线路的选择

架空线路的选择主要是选择架空线路导线的种类和导线的截面，其选择依据主要是线路敷设的要求和线路负荷计算的电流。

架空线中各导线截面与线路工作制的关系为：三相四线制工作时，N 线和 PE 线截面不小于相线（L 线）截面的 50%；单相线路的零线截面与相线截面相同。

架空线的材质为：绝缘铜线或铝线，优先采用绝缘铜线。

架空线的绝缘色标准为：当考虑架空线相序排列时，L_1（A 相）—黄色，L_2（B 相）—绿色，L_3（C 相）—红色。另外，N 线—淡蓝色，PE 线—绿 / 黄双色。

（二）电缆的选择

电缆的选择主要是选择电缆的类型、截面和芯线配置，其选择依据主要是线路敷设的要求和线路负荷计算的计算电流。

电缆中必须包含全部工作芯线和用作保护零线或保护线的芯线。需要三相四线制配电的电缆线路必须采用五芯电缆。

五芯电缆必须包含淡蓝、绿 / 黄两种颜色绝缘芯线。淡蓝色芯线必须用作 N 线；绿 / 黄双色芯线必须用作PE线，严禁混用。其中，N线和PE线的绝缘色规定，同样适用于四芯、三芯等电缆。而五芯电缆中相线的绝缘色则一般由黑、棕、白三色中两种搭配。

（三）室内配线的选择

室内配线必须采用绝缘导线或电缆。其选择要求基本与架空线路或电缆线路相同。

除以上三种配线方式外，在配电室里还有一个配电母线问题。由于施工现场配电母线常常采用裸扁铜板或裸扁铝板制作成所谓裸母线，因此其安装时，必须用绝缘子支撑固定在配电柜上，以保持对地绝缘和电磁（力）稳定。母线规格主要由总负荷计算电流确定。考虑到母线敷设有相序规定，母线表面应涂刷有色油漆，三相母线的相序和色标依次为：L_1（A 相）黄色；L_2（B 相）绿色；L_3（C 相）红色。

二、配电装置

施工现场的配电装置是指施工现场用电工程配电系统中设置的总配电箱（配电柜）、分配电箱和开关箱。为叙述方便起见，以下将总配电箱和分配电箱合称为配电箱。

（一）配电装置的箱体结构

这里所谓配电装置的箱体结构，主要是指适合于施工现场用电工程配电系统使用的配电箱、开关箱的箱体结构。

1. 箱体材料

配电箱、开关箱的箱体一般应采用冷轧钢板或阻燃绝缘材料制作，但不得采用木板制作。

采用冷轧钢板制作时，厚度应为1.2 ~ 2.0mm。其中，开关箱箱体钢板厚度应不小于1.2 mm，配电箱箱体钢板厚度应不小于 1.5 mm。箱体钢板表面应做防腐处理并涂面漆。

采用阻燃绝缘板，例如环氧树脂纤维木板、电木板等。其厚度应保证适应户外使用，具有足够的机械强度。

2. 配置电器安装板

配电箱、开关箱内应配置电器安装板，用以安装所配置的电器和接线端子板等。电器安装板应采用金属或非木质阻燃绝缘电器安装板。配电箱、开关箱内的电器（含插座）应先安装在金属或非木质阻燃绝缘电器安装板上，然后方可整体紧固在配电箱、开关箱箱体内。不得将所配置的电器、接线端子板等直接装设在箱体上。

3. 加装 N、PE 接线端子板

（1）配电箱、开关箱的电器安装板上必须加装 N 线端子板和 PE 线端子板。N 线端子板必须与金属电器安装板绝缘；PE 线端子板必须与金属电器安装板做电气连接。

进出线中的 N 线必须通过 N 线端子板连接，PE 线必须通过 PE 线端子板连接。

（2）配电箱、开关箱的金属箱体，金属电器安装板以及电器正常不带电的金属底座、外壳等必须通过 PE 线端子板与 PE 线做电气连接，金属箱门与金属箱体必须通过采用编织软铜线做电气连接。

（3）N、PE 端子板的接线端子数应与配电箱的进、出线路数保持一致。

（4）N、PE 端子板应采用紫铜板制作。

4. 进、出线口

（1）配电箱、开关箱导线的进、出线口应设置在箱体正常安装位置的下底面，并设固定线卡。

（2）进、出线口应光滑，以圆口为宜，加绝缘护套。

（3）导线不得与箱体直接接触。进、出线口应配置固定线卡，将导线加绝缘保护套成束卡固在箱体上。

（4）移动式配电箱和开关箱的进、出线应采用橡皮护套绝缘电缆，不得有接头。

（5）进、出线口数应与进、出线总路数保持一致。

5. 门锁

配电箱、开关箱箱体应设箱门并配锁，以适应户外环境和用电管理要求。

6. 防雨、防尘

配电箱、开关箱的外形结构应具有防雨、防雪、防尘功能，以适应户外环境和用电安全要求。

（二）配电装置的电器配置

1. 总配电箱的电器配置原则

总配电箱的电器应具备电源隔离、正常接通与分断电路，以及短路、过载、漏电保护功能。

（1）当总路设置总漏电保护器时，还应装设总隔离开关、分路隔离开关以及总断路器、分路断路器或总熔断器、分路熔断器。若总漏电保护器是同时具备短路、过载、漏电保护功能的漏电断路器，则可不设总断路器或总熔断器。

（2）当各分路设置分路漏电保护器时，还应装设总隔离开关、分路隔离开关以及总断路器、分路断路器或总熔断器、分路熔断器。若分路所设漏电保护器是同时具备短路、过载、漏电保护功能的漏电断路器，则可不设分路断路器或分路熔断器。

（3）隔离开关应设置于电源进线端，应采用分断时具有可见分断点并能同时断开电源所有极或彼此靠近的单极的隔离电器，不得采用分断时不具有可见分断点的电器。当采用具有可见分断点的断路器时，可不另设隔离开关。

（4）熔断器应选用具有可靠灭弧分断功能的产品。

（5）总开关电器的额定值、动作整定值应与分路开关电器的额定值、动作整定值相适应。

此外，总配电箱应装设电压表、总电流表、电度表及其他需要的仪表。装设电流互感器时，其二次回路必须与保护零线有一个连接点，且严禁断开电路。

2. 分配电箱的电器配置原则

分配电箱的电器配置在采用二级漏电保护的配电系统中，分配电箱中不要求设置漏电保护器，但电源隔离开关、过载与短路保护电器必须设置。

（1）总路应设置总隔离开关，以及总断路器或总熔断器。

（2）分路应设置分路隔离开关，以及分路断路器或分路熔断器。

（3）隔离开关应设置于电源进线端，并采用分断时具有可见分断点并能同时断开电源所有极或彼此靠近的单极的隔离电器，不得采用分断时不具有可见分断点的电器。当采用分断时具有可见分断点的断路器时，可不另设隔离开关。

3. 开关箱的电器配置原则

每台用电设备必须有各自专用的开关箱，严禁用同一个开关箱直接控制两台及两台以上用电设备（含插座）。

（1）开关箱必须装设隔离开关、断路器或熔断器以及漏电保护器。

（2）当漏电保护器是同时具有短路、过载、漏电保护功能的漏电断路器时，可不装设断路器或熔断器。

（3）隔离开关应采用分断时具有可见分断点，能同时断开电源所有极的隔离电器，并应设置于电源进线端。当断路器具有可见分断点时，可不另设隔离开关。

三、用电设备

用电设备是配电系统的终端设备，是最终将电能转化为机械能、光能等其他形式能量的设备。在施工现场中，用电设备就是直接服务于施工作业的生产设备。

施工现场的用电设备基本上可分四大类，即电动建筑机械、手持式电动工具、照明器和消防水泵等。

通常以触电危险程度来考虑，施工现场的环境条件可分三大类。

（一）一般场所

相对湿度不大于 75% 的干燥场所，无导电粉尘场所，气温不高于 30℃场所，有不导电地板（干燥木地板、塑料地板、沥青地板等）场所等均属于一般场所。

（二）危险场所

相对湿度长期处于 75% 以上的潮湿场所，露天并且能遭受雨、雪侵袭的场所，气温高于 30℃的炎热场所，有导电粉尘场所，有导电泥、混凝土或金属结构地板场所，施工中常处于水湿润的场所等均属于危险场所。

（三）高度危险场所

相对湿度接近 100% 的场所，蒸汽环境场所，有活性化学媒质放出腐蚀性气体或液体场所，具有两个及以上危险场所特征（如导电地板和高温，或导电地板和有导电粉尘）的场所等均属于高度危险场所。

第五节　施工现场用电安全管理

一、接地（接零）与防雷安全技术

（一）接地与接零

1. 保护零线除应在配电室或总配电箱处做重复接地外，还应在配电线路的中间处和末端处重复接地。保护零线每一重复接地装置的接地电阻值应不大于 10 Ω。

2. 每一接地装置的接地线应采用两根以上导体，在不同点与接地装置做电气连接。不应用铝导体做接地体或地下接地线。垂直接地体宜采用角钢、钢管或圆钢，不宜采用螺纹钢材。

3. 电气设备应采用专用芯线做保护接零，此芯线严禁通过工作电流。

4. 手持式用电设备的保护零线，应在绝缘良好的多股铜线橡皮电缆内。其截面不应小于 1.5 mm^2，其芯线颜色为绿 / 黄双色。

5. Ⅰ类手持式用电设备的插销上应具备专用的保护接零（接地）触头。所用插头应能避免将导电触头误作接地触头使用。

6. 施工现场所有用电设备，除做保护接零外，应在设备负荷线的首端处设置有可靠的电气连接。

（二）防雷

1. 在土壤电阻率低于 200 Ω · m 区域的电杆可不另设防雷接地装置，但在配电室的架空进线或出线处应将绝缘子铁脚与配电室的接地装置相连接。

2. 施工现场内的起重机、井字架及龙门架等机械设备，若在相邻建筑物、构筑物的防雷装置的保护范围以外，应按规定安装防雷装置。

3. 防雷装置应符合以下要求：

（1）施工现场内所有防雷装置的冲击接地电阻值不应大于 30 Ω。

（2）各机械设备的防雷引下线可利用该设备的金属结构体，但应保证电气连接。

（3）机械设备上的避雷针（接闪器）长度应为 1 ~ 2 m。塔式起重机可不另设避雷针（接闪器）。

（4）安装避雷针的机械设备所用动力、控制、照明、信号及通信等线路，应采用钢管敷设，并将钢管与该机械设备的金属结构体做电气连接。

（5）防雷接地机械上的电气设备，所连接的 PE 线必须同时做重复接地，同一台机械电气设备的重复接地和机械的防雷接地可共用同一接地体，但接地电阻应符合重复接地电阻值的要求。

二、变压器与配电室安全技术

（一）变压器安装与运行

1. 变压器安装

施工用的 10 kV 及以下变压器装于地面时，应有 0.5 m 的高台，高台的周围应装设栅栏，其高度不应低于 1.7 m，栅栏与变压器外廓的距离不应小于 1 m，杆上变压器安装的高度应不低于 2.5 m，并挂“止步，高压危险”的警示标志。变压器的引线应采用绝缘导线。

2. 变压器的运行

变压器运行中应定期进行检查，主要包括下列内容：

（1）油的颜色变化、油面指示、有无漏油或渗油现象。

（2）响声是否正常，套管是否清洁，有无裂纹和放电痕迹。

（3）接头有无腐蚀及过热现象，检查油枕的集污器内有无积水和污物。

（4）有防爆管的变压器，要检查防爆隔膜是否完整。

（5）变压器外壳的接地线有无中断、断股或锈烂等情况。

（二）配电室设置

1. 一般要求

（1）配电室应靠近电源，并应设在无灰尘、无蒸汽、无腐蚀介质及振动的地方。

（2）成列的配电屏（盘）和控制屏（台）两端应与重复接地线及保护零线做电气连接。

（3）配电室应能自然通风，并应采取防止雨雪和动物进入措施。

（4）配电屏（盘）正面的操作通道宽度，单列布置应不小于 1.5 m，双列布置应不小于 2 m；配电屏（盘）后面的维护通道宽度，单列布置或双列面对面布置不小于 0.8 m，双列背对背布置不小于 1.5 m，个别地点有建筑物结构凸出的地方，则此点通道宽度可减少 0.2 m；侧面的维护通道宽度应不小于 1 m；盘后的维护通道应不小于 0.8 m。

（5）在配电室内设值班室或检修室时，该室距电屏（盘）的水平距离应大于 1 m，并应采取屏障隔离。

（6）配电室的门应向外开，并配锁。

（7）配电室内的裸母线与地面垂直距离小于 2.5 m 时，应采用遮挡隔离，遮挡下面通行道的高度应不小于 1.9 m。

（8）配电室的围栏上端与垂直上方带电部分的净距，不应小于 0.075 m。

（9）配电室的顶棚与地面的距离不低于 3 m；配电装置的上端距天棚不应小于 0.5 m。

（10）母线均应涂刷有色油漆，其涂色应符合规定。

（11）配电室的建筑物和构筑物的耐火等级应不低于 3 级，室内应配置砂箱和适宜于扑救电气类火灾的灭火器。

2. 配电屏应符合以下要求：

（1）配电屏（盘）应装设有功、无功电度表，并应分路装设电流、电压表。电流表与计费电度表不应共用一组电流互感器。

（2）配电屏（盘）应装设短路、过负荷保护装置和漏电保护器。

（3）配电屏（盘）上的各配电线路应编号，并应标明用途标记。

（4）配电屏（盘）或配电线路维修时，应悬挂“电器检修，禁止合闸”等警示标志；停、送电应由专人负责。

3. 电压为 400/230 V 的自备发电机组，应遵守下列规定：

（1）发电机组及其控制、配电、修理室等可分开设置；在保证电气安全距离和满足防火要求情况下可合并设置。

（2）发电机组的排烟管道必须伸出室外，机组及其控制配电室内严禁存放贮油桶。

（3）发电机组电源应与外电线路电源连锁，严禁并列运行。

（4）发电机组应采用三相四线制中性点直接接地系统和独立设置 TN–S 接零保护系统，并须独立设置，其接地阻值不应大于 4Ω。

（5）发电机供电系统应设置电源隔离开关及短路、过载、漏电保护电器。电源隔离开关分断时应有明显可见分断点。

（6）发电机并列运行时，应在机组同期后再向负荷供电。

（7）发电机控制屏宜装设下列仪表：交流电压表、交流电流表、有功功率表、电度表、功率因数表、频率表、直流电流表。

三、三线路架设安全技术

（一）架空线路架设

1. 架空线必须采用绝缘导线。

2. 架空线应设在专用电杆上，严禁架设在树木、脚手架及其他设施上。

3. 架空线导线截面的选择应符合下列要求：

（1）导线中的计算负荷电流不大于其长期连续负荷允许载流量。

（2）线路末端电压偏移不大于其额定电压的5%。

（3）三相四线制线路的N线和PE线截面不小于相线截面的50%，单相线路的零线截面与相线截面相同。

（4）按机械强度要求，绝缘铜线截面不小于10 mm^2，绝缘铝线截面不小于16 mm^2 。

（5）在跨越铁路、公路、河流、电力线路挡距内，绝缘铜线截面不小于16 mm^2，绝缘铝线截面不小于25 mm^2。

4. 架空线在一个挡距内，每层导线的接头数不得超过该层导线条数的50%，且一条导线应只有一个接头。

在跨越铁路、公路、河流、电力线路挡距内，架空线不得有接头。

5. 架车线路相序排列应符合下列规定：

（1）动力、照明线在同一横担上架设时，导线相序排列是：面向负荷从左侧起依次为L_1、N、L_2、L_3、PE。

（2）动力、照明线在二层横担上分别架设时，导线相序排列是：上层横担面向负荷从左侧起依次为L_1、L_2、L_3；下层横担面向负荷从左侧起依次为L_1、（L_2、L_3）、N、PE。

6. 架空线路的挡距不得大于35 m。

7. 架空线路的线间距不得小于0.3 m，靠近电杆的两导线的间距不得小于0.5 m。

8. 架空线路横担间的最小垂直距离不得小于规定所列数值；横担宜采用角钢或方木，低压铁横担角钢应规定选用，方木横担截面应按80 mm × 80 mm选用；横担长度应按规定选用。

9. 架空线路与邻近线路或固定物的距离应符合规定。

10. 架字线路宜采用钢筋混凝土杆或木杆。钢筋混凝土杆不得有露筋、宽度大于0.4 mm的裂纹和扭曲；木杆不得腐朽，其梢径不应小于140 mm。

11. 电杆埋设深度宜为杆长的1/10加0.6 m，回填土应分层夯实。在松软土质处宜加大埋入深度或采用卡盘等加固。

12. 直线杆和15°以下的转角杆，可采用单横担单绝缘子，但跨越机动车道时应采用单横担双绝缘子；15° ~ 45°的转角杆应采用双横担双绝缘子；45°以上的转角杆，应采用十字横担。

13. 架空线路绝缘子应按下列原则选择：

（1）直线杆采用针式绝缘子；

（2）耐张杆采用蝶式绝缘子。

14. 电杆的拉线宜采用镀锌钢丝，其截面不应小于 $3 \times \phi 4.0$ mm。拉线与电杆的夹角应在 30° ~ 45° 之间。拉线埋设深度不得小于 1 m。电杆拉线如从导线之间穿过，应在高于地面 2.5 m 处装设拉线绝缘子。

15. 因受地形环境限制不能装设拉线时，可采用撑杆代替拉线，撑杆埋设深度不得小于 0.8 m，其底部应垫底盘或石块。撑杆与电杆的夹角宜为 30°。

16. 接户线在挡距内不得有接头，进线处离地高度不得小于 2.5 m。

17. 架空线路必须有短路保护。

采用熔断器做短路保护时，其熔体额定电流不应大于明敷绝缘导线长期连续负荷允许载流量的 1.5 倍。

采用断路器做短路保护时，其瞬动过流脱扣器脱扣电流整定值应小于线路末端单相短路电流。

18. 架空线路必须有过载保护。

采用熔断器或断路器做过载保护时，绝缘导线长期连续负荷允许载流量不应小于熔断器熔体额定电流或断路器长延时过流脱扣器脱扣电流整定值的 1.25 倍。

（二）配电线路

1. 配电线路采用熔断器做短路保护时，熔体额定电流应不大于电缆或穿管绝缘导线允许载流量的 2.5 倍，或明敷绝缘导线允许载流量的 1.5 倍。

2. 配电线路采用自动开关做短路保护时，其过电流脱扣器脱扣电流整定值，应小于线路末端单相短路电流，并应能承受短路时过负荷电流。

3. 经常过负荷的线路、易燃易爆物邻近的线路、照明线路，应有过负荷保护。

4. 装设过负荷保护的配电线路，其绝缘导线的允许载流量，应不小于熔断器熔体额定电流或自动开关延长时过流脱扣器脱扣电流整定值的 1.25 倍。

（三）电缆线路敷设

1. 电缆干线应采用埋地或架空敷设，严禁沿地面明设，并应避免机械损伤和介质腐蚀。

2. 电缆在室外直接埋地敷设的深度应不小于 0.6 m，并应在电缆上下各均匀铺设不小于 50 mm 厚的细砂，然后覆盖砖等硬质保护层。

3. 电缆穿越建筑物、构筑物、道路、易受机械损伤的场所及引出地面从 2 m 高度至地下 0.2 m 处，应加设防护套管。

4. 埋地敷设电缆的接头应设在地面上的接线盒内，接线盒应能防水、防尘、防机械损伤并应远离易燃、易腐蚀场所。

5. 橡皮电缆架空敷设时，应沿墙壁或电杆设置，并用绝缘子固定，严禁使用金属裸线作绑线。固定点间距应保证橡皮电缆能承受自重所带来的荷重。橡皮电缆的最大弧垂距地不应小于 2.5 m。

6. 电缆接头应牢固可靠，并应做绝缘包扎，保持绝缘强度，不应承受张力。

（四）室内配线

安装在现场办公室、生活用房、加工厂房等暂设建筑内的配电线路，通称为室内配电线路，简称室内配线。室内配线应遵守下列规定：

1. 室内配线必须采用绝缘导线或电缆。

2. 室内配线应根据配线类型采用瓷瓶、瓷（塑料）夹、嵌绝缘槽、穿管或钢索敷设。潮湿场所或埋地非电缆配线必须穿管敷设，管口和管接头应密封；当采用金属管敷设时，金属管必须做等电位连接，且必须与 PE 线相连接。

3. 室内非埋地明敷主干线距地面高度不得小于 2.5 m。

4. 架空进户线的室外端应采用绝缘子固定，过墙处应穿管保护，距地面高度不得小于 2.5 m，并应采取防雨措施。

5. 室内配线所用导线或电缆的截面应根据用电设备或线路的计算负荷确定，但铜线截面不应小于 1.5 mm^2，铝线截面不应小于 2.5 mm^2。

6. 钢索配线的吊架间距不宜大于 12 m。采用瓷夹固定导线时，导线间距不应小于 35 mm，瓷夹间距不应大于 800 mm；采用瓷瓶固定导线时，导线间距不应小于 100 mm，瓷瓶间距不应大于 1.5 m；采用护套绝缘导线或电缆时，可直接敷设于钢索上。

7. 室内配线必须有短路保护和过载保护，短路保护和过载保护电器与绝缘导线、电缆的选配应符合架空线路第 17 条和第 18 条的要求。对穿管敷设的绝缘导线线路，其短路保护熔断器的熔体额定电流不应大于穿管绝缘导线长期连续负荷允许载流量的 2.5 倍。

第六节　施工现场危险因素防护与措施

一、施工现场危险因素防护

施工现场与电气安全相关的危险因素主要有外电线路、易燃易爆物、腐蚀介质、机械损伤，以及强电磁辐射的电磁感应和有害静电等。

（一）外电线路防护

在施工现场周围往往存在一些高、低压电力线路，这些不属于施工现场的外接电力线路统称为外电线路。外电线路一般为架空线路，个别现场也会遇到电缆线路。由于外电线路的位置原已固定，因而其与施工现场的相对距离也难以改变，这就给施工现场作业安全带来了一个不利影响因素。如果施工现场距离外电线路较近，往往会因施工人员搬运物料、器具，尤其是金属料具或操作不慎意外触及外电线路，从而发生触电伤害事故。因此当施工现场邻近外电线路作业时，为了防止外电线路对施工现场作业人员可能造成的触电伤害事故，施工现场必须对其采取相应的防护措施，这种对外电线路触电伤害的防护称为外电线路防护，简称外电防护。

外电防护的技术措施有绝缘、屏护、安全距离、限制放电能量和 24 V 及以下安全特低电压。上述的五项基本措施具有普遍适用的意义。但是对于施工现场外电防护这种特殊的防护，基本上不存在安全特低电压和限制放电能量的问题。因此其防护措施主要应是做到绝缘、屏护、安全距离。

（二）易燃易爆物与腐蚀介质防护

1. 易燃易爆物防护

电气设备周围不得存放易燃易爆物，防止因电火花或电弧引燃易燃易爆物品，当电气设备周围的易燃易爆物无法清除和回避时，要根据防护类别采取绝热隔温及阻燃隔弧、隔爆等措施，可设置阻燃隔离板和采用防爆电机、电器、灯具等。

2. 污源和腐蚀介质防护

电气设备现场周围不得存放能对电气设备造成腐蚀作用的酸、碱、盐等污源和介质，电气设备现场周围的污源和腐蚀介质无法清除和回避时，应采取有针对性的隔离接触措施。如在污源和腐蚀介质相对集中的场所，应采用具有相应防护结构、适应相应防护等级的电气设备，采用具有能防雨、防雪、防尘功能的配电装置，导线连接点做防水绝缘包扎，地面上的用电设备采取防止雨水、污水侵蚀措施，酸雨、酸雾和沿海盐雾多的地区采用相应的耐腐电缆代替绝缘导线等。

（三）机械损伤防护

为防止配电装置、配电线路和用电设备可能遭受的机械损伤，可采取以下防护措施：

1. 配电装置、电气设备应尽量设在避免各种高处坠物物体打击的位置，如不能避开则应在电气设备上方设置防护棚。

2. 塔式起重机起重臂跨越施工现场配电线路上方应有防护隔离设施。

3. 用电设备负荷线不得拖地放置。

4. 电焊机二次线应避免在钢筋网面上拖拉和踩踏。

5. 穿越道路的用电线路应采取架空或者穿管埋地等保护措施。

6. 加工废料和施工材料堆场要远离电气设备、配电装置和线路。

（四）电磁感应与静电防护

1. 电磁感应防护

有的施工现场离电台、电视台等电磁波源较近，受电磁辐射作用，在施工机械、铁架等金属部件上感应出对人体有害电压。为了防止强电磁波辐射在塔式起重机吊钩或吊索上产生对地电压的危害，可采取以下防护措施：

（1）地面操作者穿绝缘胶鞋，戴绝缘手套。

（2）吊钩用绝缘胶皮包裹或在吊钩与吊索间用绝缘材料隔离。

（3）挂装吊物时，将吊钩挂接临时接地线。

2. 静电防护

静止电荷聚集到一定程度，会对人体造成伤害。这是因为当人体接触到带静电的物体时，就会有电荷在人体和带电体之间瞬间转移，在转移的过程中，依静电的聚集量和转移程度，人会有针刺、麻等感觉，甚至造成身体颤抖等。

为了消除静电对人体的危害，应对聚集在机械设备上的静电采取接地泄漏措施。通常的方法是将能产生静电的设备接地，使静电被中和，接地部位与大地保持等电位。

二、安全用电措施和电气防火措施

为了保障施工现场用电安全，除设置合理的用电系统外，还应结合施工现场实际编制并实施相配套的安全用电措施和电气防火措施。

（一）安全用电措施

1. 安全用电技术措施要点

（1）选用符合国家强制性标准印证的合格设备和器材，不用残缺、破损等不合格产品。

（2）严格按经批准的用电组织设计构建临时用电工程，用电系统要有完备的电源隔离及过载、短路、漏电保护。

（3）按规定定期检测用电系统的接地电阻，相关设备的绝缘电阻和漏电保护器的漏电动作参数。

（4）配电装置装设端正严实牢固，高度符合规定，不拖地设置，不随意改动；进线端严禁插头、插座做活动连接，进出线上严禁搭、挂、压其他物体；移动式配电装置迁移位置时，必须先将其前一级隔离开关分闸断电，严禁带电搬运。

（5)配电线路不得明设于地面，严禁行人踩踏和车辆碾压；线缆接头必须连接牢固，并做防水绝缘包扎，严禁裸露带电线头；不得拖拉线缆，严禁徒手触摸和严禁在钢筋、地面上拖拉带电线路。

（6）用电设备应防止溅水和浸水，已溅水和浸水的设备必须停电处理，未断电时严禁徒手触摸；用电设备移位时，严禁带电搬运，严禁拖拉其负荷线。

（7）照明灯具的选用必须符合使用场所环境条件的要求，严禁将 220 V 碘钨灯做行灯使用。

（8）停、送电作业必须遵守以下规则：

①停、送电指令必须由同一人下达；

②停电部位的前级配电装置必须分闸断电，并悬挂停电标志牌；

③停、送电时应由一人操作，一人监护，并穿戴绝缘防护用品。

编制电气防火措施也应从技术措施和组织措施两个方面考虑，并且也要符合施工现场实际。

2. 安全用电组织措施要点

（1）建立用电组织技术制度。

（2）建立技术交底制度。

（3）建立安全自检制度。

（4）建立电工安装、巡检、维修、拆除制度。

（5）建立安全培训制度。

（二）电气防火措施

1. 电气防火技术措施要点

（1）合理配置用电系统的短路、过载、漏电保护电器。

（2）确保 PE 线连接点的电气连接可靠。

（3)在电气设备和线路周围不堆放并清除易燃易爆物和腐蚀介质或做阻燃隔离防护。

（4）不在电气设备周围使用火源，特别是在变压器、发电机等场所严禁烟火。

（5）在电气设备相对集中场所，如变电所、配电室、发电机室等场所配置可扑灭电器着火的灭火器材。

2. 电气防火组织措施要点

（1）建立易燃易爆物和腐蚀介质管理制度。

（2)建立电气防火责任制，加强电气防火重点场所烟火管制，并设置禁止烟火标志。

（3）建立电气防护教育制度，定期进行电气防火知识宣传教育，提高各类人员电气防火意识和电气防火知识水平。

（4）建立电气防火检查制度，发现问题，及时处理，不留任何隐患。

（5）建立电气火警预报制，做到防患于未然。

（6）建立电气防火领导体系及电气防火队伍，学会和掌握扑灭电气火灾的组织和方法。

第七章　水利水电工程安全风险管理

第一节　水利水电施工安全评价与指标体系

一、施工安全评价

（一）施工特点

水利水电工程施工与我们常见的建筑工程施工如公路建设、桥梁架设、楼体工程等有很多相似之处。例如：工程一般针对钢筋、混凝土、沙石、钢构、大型机械设备等进行施工，施工理论和方法也基本相同，一些工具器械也可以通用。同时相比于一般建筑工程施工而言，水利水电工程施工也有一些自身特点。

1. 水利水电工程多涉及大坝、河道、堤坝、湖泊、箱涵等建设工程，环境和季节对工程的施工影响较大，并且这些影响因素很难进行预测并精确计算，这就为施工留下很大的安全隐患。

2. 水利水电工程施工范围较广，尤其是线状工程施工，施工场地之间的距离一般较远，造成了各施工场地之间的沟通联系不便，使得整个施工过程的安全管理难度加大。

3. 水利水电工程的施工场地环境多变，且多为露天环境，很难对现场进行有效的封闭隔离，施工作业人员、交通运输工具、机械工程设备、建筑材料的安全管理难度增加。

4. 施工器械、施工材料质量也良莠不齐，现场的操作带来的机械危害也时有发生。

5. 由于施工现场环境恶劣，招聘的工人普遍文化教育程度不高，专业知识水平不足，也缺乏必要的安全知识和保护意识，这也为整个项目的施工增加了安全隐患。综上所述，水利水电工程施工过程中存在着大量安全隐患，我们要增加安全意识，提高施工工艺的同时更应该采取科学的手段与方法对工程进行安全评价，发现安全隐患，及时发布安全预警信息。

（二）安全评价内容

安全评价起源于20世纪30年代，以实现安全为宗旨，应用安全系统的工程原理和方法，识别和分析工程、系统、生产和管理行为、社会活动中存在的危险和有害因素，预测判断发生事故和造成职业危害的可能性及其严重性，提出科学、合理、可行的安全风险管理对策建议。在国外，安全评价也称为风险评估或危险评估，它是基于工程设计和系统的安全性，应用安全系统的工程原理和方法，对工程、系统中存在的危险和有害因素进行辨识与分析，判断工程和系统发生事故和职业危害的可能性及其严重性，从而提供防范措施和管理决策的科学依据。

安全评价既需要以安全评价理论为支撑，又需要理论与实际经验相结合，两者缺一不可。对施工进行安全评价目的是判断和预测建设过程中存在的安全隐患以及可能造成的工程损失和危险程度，针对安全隐患提早做出安全防护，为施工提供安全保障。

（三）安全评价的特点和原则

1. 安全评价的特点

安全评价作为保障施工安全的重要措施，其主要特点如下：

（1）真实性

进行安全评价时所采用的数据和信息都是施工现场的实际数据，保障了评价数据的真实性。

（2）全面性

对项目的整个施工过程进行安全评价，全面分析各个施工环节和影响因素，保障了评价的信息覆盖全面性。

（3）预测性

传统的安全管理均是事后工程，即事故发生后再分析事故发生的原因，进行补救处理。但是有些事故发生后造成的损失巨大且大多很难弥补，因此我们必须做好全过程的安全管理工作，针对施工项目展开安全评价就是预先找出施工或管理中可能存在的安全隐患，预测该因素可能造成的影响及影响程度，针对隐患因素制定出合理的预防措施。

（4）反馈性

将施工安全从概念抽象成可量化的指标，并与前期预测数据进行对比，验证模型和相关理论的正确性，完善相关政策和理论。

2. 安全评价的原则

安全评价是为了预防、减少事故的发生，为了保障安全评价的有效性，对施工过程进行安全评价时应遵循以下原则：

（1）独立性

整个安全评价过程应公开透明，各评估专家互不干扰，保障了评价结果的独立性。

（2）客观性

各评价专家应是与项目无利益相关者，使其每次对项目打分评价均站在项目安全的角度，以保障评价结果的客观性。

（3）科学性

整个评价过程必须保障数据的真实性和评价方法的适用性，及时调整评价指标权重比例，以保障评价结果科学性。

3. 安全评价的意义

安全评价是施工建设中的重要环节，与日常安全监督检查工作不同，安全评价通过分析和建模，对施工过程进行整体评价，对造成损害的可能性、损失程度及应采取的防护措施进行科学的分析和评价，其意义体现在以下几个方面：

（1）有利于建立完整的工程建设信息底账，为项目决策提供理论依据。随着社会现代信息化水平的不断提高，工程须逐步完善工程建设信息管理，完善现有的评价模型和理论，为相关政策、理论的发展提供大数据支持，建立完善的信息底账意义重大，影响深远。

（2）对项目前期建设进行反馈，及时采取防护措施，使得项目建设更规范化、标准化。我国安全施工的基本方针是“安全第一，预防为主，综合治理”，对施工进行安全评价，弥补前期预测的不足，预防安全事故的发生，使得工程朝着安全、有序的方向发展，有助于完善工程施工的标准。

（3）减少工程建设浪费，避免资金损失，提高资金利用率和项目的管理水平。对施工过程进行安全评价不仅能及时发现安全隐患，更能预测隐患所能带来的经济损失，如果损失不可避免，及早发现可以合理地选择减少事故的措施，将损失降至最低，提高资金的利用率。

（四）安全评价方法

1. 定性分析法

（1）专家评议法

专家评议法是多位专家参与，根据项目的建设经验、当前项目建设情况以及项目发展趋势，对项目的发展进行分析、预测的方法。

（2）德尔菲法

德尔菲法也称为专家函询调查法，基于该系统的应用，采用匿名发表评论的方法，即必须不与团队成员之间相互讨论，与团队成员之间不发生横向联系，只与调查员之间联系，经过几轮磋商，使专家小组的预测意见趋于集中，最后做出符合市场未来发展趋势的预测结论。

（3）失效模式和后果分析法

失效模式和后果分析法是一种综合性的分析技术，主要用于识别和分析施工过程中可能出现的故障模式，以及这些故障模式发生后对工程的影响，从而制定出有针对性的控制措施以有效地减少施工过程中的风险。

2. 定量分析法

（1）层次分析法

层次分析法（简称 AHP 法）是在进行定量分析的基础上将与决策有关的元素分解成方案、原则、目标等层次的决策方法。

（2）模糊综合评价法

模糊综合评价法是一种基于模糊数学的综合评价方法。该方法根据模糊数学的隶属度理论的方法把定性评价转化为定量评价，即用模糊数学对受到多种因素制约的事物或对象做出一个总体的评价。

（3）主成分分析法

主成分分析法（PCA）也被称为主分量分析，在研究多元问题时，变量太多会增加问题的复杂性的分析，主成分分析法（PCA）是用较少的变量去解释原来资料中最原始的数据，将许多相关性很高的变量转化成彼此相互独立或不相关的变量，是利用降维的思想，将多变量转化为少数几个综合变量。

二、评价指标体系的建立

（一）指标体系建立原则

影响水利水电工程施工安全的因素很多，在对这些评价元素进行选取和归类时，应遵循以下建立原则：

1.系统性。各评价指标要从不同方面体现出影响水利水电工程施工安全的主要因素，每个指标之间既要相互独立，又存在彼此之间的联系，共同构成评价指标体系的有机统一体。

2. 典型性。评价指标的选取和归类必须具有一定的典型性，尽可能地体现出水利水电工程施工安全因素的一个典型特征。另外指标数量有限，更要合理分配指标的权重。

3. 科学性。每个评价指标必须具备科学性和客观性，才能正确反映客观实际系统的本质，能反映出影响系统安全的主要因素。

4. 可量化。指标体系的建立是为了对复杂系统进行抽象以达到对系统定量的评价，评价指标的建立也通过量化才能精确地展现系统的真实性，各指标必须具有可操作性和可比性。

5. 稳定性。建立评价体系时，所选取的评价指标应具有稳定性，受偶然因素影响波动较大的指标应予以排除。

（二）评价指标的建立影响

水利水电工程施工安全的指标多种多样，经过调研，将影响安全的指标体系分为四类：人的风险、机械设备风险、环境风险、项目风险。

1. 人的风险

在对水利水电工程施工安全进行评价时，人的风险是每个评价方法都必须考虑的问题，研究表明，由于人的不安全行为而导致的事故占 80% 以上，水利水电工程施工大多是在一个有限的场地内集中了大量的施工人员、建筑材料和施工机械机具。施工过程人工操作较多，劳动强度较大，很容易由于人为失误酿成安全事故。

（1）企业管理制度

由于我国现阶段水利水电工程施工安全生产体制还有待完善，施工企业的管理制度很大程度上直接决定了施工过程中的安全状况，管理制度决定了自身安全水平的高低以及所用分包单位的资质，其完善程度直接影响到管理层及员工的安全态度和安全意识。

（2）施工人员素质

施工人员作为工程建设的直接实施者，其素质水平直接制约着施工的成效，施工人员的素质主要包括文化素质、经验水平、宣传教育、执行能力等。施工人员受文化教育的情况很大程度上影响着施工操作规范性以及对安全的认识水平；水利水电工程施工的特点决定了施工过程烦琐，面对复杂的施工环境，施工人员的经验水平直接影响到能不能对施工现场的危险因素进行快速、准确的辨识；整个施工队伍人员素质良莠不齐，对安全的认识水平也普遍不高，公司的宣传教育力度能大大增加人员的安全意识；安全施工规章、制度最终要落实到具体施工过程中才能取得预期的效果。

（3）施工操作规范

施工人员必须经过安全技术培训，熟知和遵守所在岗位的安全技术操作规程，并应定期接受安全技术考核，针对焊接、电气、空气压缩机、龙门吊、车辆驾驶以及各种工程机械操作等岗位人员必须经过专业培训，获得相关操作证书后方能上岗。

（4）安全防护用品

加强安全防护用品使用的监督管理，防止安全帽、安全带、安全防护网、绝缘手套、口罩、绝缘鞋等不合格的防护用品进入施工场地，根据《建筑法》《安全生产法》及地方相关法规定在一些场景必须配备安全防护用具，否则不允许进入施工场地。

2. 机械设备风险

水利水电工程施工是将各种建筑材料进行整合的系统过程，在施工过程中需要各种机械设备的辅助，机械设备的正确使用也是保障施工安全的一个重要方面。

（1）脚手架工程

脚手架既要满足施工需要，且又要为保证工程质量和提高工效创造条件，同时还应为组织快速施工提供工作面，确保施工人员的人身安全。脚手架要有足够的牢固性和稳定性，保证在施工期间对所规定的荷载或在气候条件的影响下不变形、不摇晃、不倾斜，能确保作业人员的人身安全；要有足够的面积满足堆料、运输、操作和行走的要求；构造要简单，搭设、拆除并且搬运要方便，使用要安全。

（2）施工机械器具

施工过程使用的机械设备、起重机械（包含外租机械设备及工具）应采取多种形式的检查措施，消除所有损坏机械设备的行为，消除影响人身健康和安全的因素和使环境遭到污染的因素，以保障施工安全和施工人员的健康，形成保证体系，明确各级单位安全职责。

（3）消防安全设施

在施工场地内安设消防设施，适时展开消防安全专项检查，对存在安全隐患的地方发出整改通知书，制订整改计划，限期整改。定期进行防火安全教育，检查电源线路、电器设备、消防设备、消防器材的维护保养情况，检查消防通道是否畅通等。

（4）施工供电及照明

高低压配电柜、动力照明配电箱的安装必须符合相关标准要求，电气管线保护要采用符合设计要求的管材，特殊材料管之间连接要采用丝接方式。电缆设备和灯具的安装要满足施工规范，做好防雷设施。

3. 环境风险

由水利水电工程施工的特点可知，施工环境对施工安全作业也有很大影响，施工环境又是客观存在的，不会以人的意志为转移，因此面对复杂的施工环境，只能采取相应的控制措施，尽量削弱环境因素对安全工作的不利影响。

（1）施工作业环境

施工作业环境对人员施工有着很大影响，当环境适宜时人们会进入较好的工作状态；相反，当人们处于不舒适的环境时，会影响工人的作业效率，甚至导致意外事故的发生。

（2）物体打击

作业环境中常见的物体打击事故主要有以下几种：高空坠物、人为扔杂物伤人、起重吊装物料坠落伤人、设备运转飞出物料伤人、放炮乱石伤人等。

（3）施工通道

施工通道是建筑物出入口位置或者在建工程地面入口通道位置，该位置可能发生的伤亡事故有火灾、倒塌、触电、中毒等，在施工通道建设时要防止坍塌、流沙、膨胀性围岩等情况，该位置的施工为了防止物体坠落产生的物体打击事故，防护材料及防护范围均应满足相关标准。

4. 项目风险

在进行水利水电工程施工安全评价时，项目本身的风险也是不可忽略的重要因素，项目本身影响施工安全的因素也是多种多样。

（1）建设规模

建设规模由小变大使得施工难度增大，危险因素也随之变化，会出现多种不安全因素。跨度的增大、空间增高会使施工的复杂程度成倍增加，也会大大增加施工难度，容易造成安全隐患。

（2）地质条件

施工场地地质条件复杂程度对施工安全影响很大，如土洞、岩溶、断层、断裂等，严重影响施工打桩建基的选型和施工质量的安全。如果对施工场地岩土条件认识不足，可能会造成在施工中改桩型、严重的质量安全隐患和巨大的经济损失。

（3）气候环境

对于水利水电工程施工，从基础到完工整个工程的70%都在露天环境下进行，并且施工周期一般较长，工人要能承受高温寒冷等各种恶劣天气，根据施工地的气候特征选择不同的评价因素，常见的有高温、雷雨、大雾、严寒等。

（4）地形地貌

我国地域广阔，具有平原、高原、盆地、丘陵、山地等多种地形地貌。对地形地貌进行分析是因地制宜开展水利水电工程施工安全评价的基础工作之一。

（5）涵位特征

在箱涵施工时，不可避免地要跨越沟谷、河流、人工渠道等。涵位特征的选择也决定了它的功能、造价和使用年限，进行安全评价时要查看涵位特征是否因地制宜，综合考虑所在地的地形地貌、水文条件等。

（6）施工工艺

水利水电工程施工过程中，由于机械设备需要大范围使用，一些施工工艺本身的复杂性，使得操作本身具有一定的危险性，因此施工工艺的成熟度及相关人员技术掌握情况有必要加强。

第二节　水利水电工程施工安全管理系统

一、系统分析

目前水利水电工程施工安全管理对于信息存储仍然采用纸介质方式，这就使存储介质的数据量大，资料查找不方便，给数据分析和决策带来不便。信息交流方面，由于各种工程信息主要记载在纸上，使工程项目安全管理相关资料都需要人工传递，这影响了信息传递的准确性、及时性、全面性，使各单位不能随时了解工程施工情况。因此，各级政府部门、行业部门、建设及监理单位、施工企业以及施工安全方面的专家学者应该协同工作，形成水利水电工程安全管理的五位一体的体制。利用计算机云技术管理各种施工安全信息（文本、图片、照片、视频，以及有关安全的法律法规、政策、标准、应急预案、典型案例等），通过信息共享，政府及主管部门随时检查监督，而旁站的安全监理可根据日常监理如实反映整体安全施工的情况，专家可以对安全管理信息进行高层判断、评判和潜在风险识别，施工企业则可以及时得到反馈和指导，劳动者也可以及时得到安全指导信息，学习安全施工的有关知识，与现场安全监管有机结合，最终实现全方位、全过程、全时段的施工安全管理。

二、系统架构

软件结构的优劣从根本上决定了应用系统的优劣，良好的架构设计是项目成功的保证，能够为项目提供优越的运行性能，本系统的软件结构根据目前业界的统一标准构建，为应用实施提供了良好的平台。系统采用了 B / S 实施方案，既可以保证系统的灵活性和简便性，又可以保证远程客户访问系统，使用统一的界面作为客户端程序，方便远程客户访问系统。本系统服务器部分采用三层架构，由表现层、业务逻辑层、数据持久层构成，具体实现采用 J2EE 多个开源框架组成，即 Struts2、Hibernate 和 Spring，业务层采用 Spring，表示层采用 Struts2，而持久层则采用 Hibernate，模型与视图相分离，利用这三个框架各自的特点与优势，将它们无缝地整合起来应用到项目开发中，这三个框架分工明确，充分降低了开发中的耦合度。

三、系统功能

（一）系统主界面

启动数据库和服务器，在任何一台联网的计算机上打开浏览器，地址栏输入服务器相应的 URL，进入登录界面。为防止恶意用户利用工具进行攻击，页面采用了随机验证码机制，验证图片由服务器动态生成。用户点击安全资料链接可进入安全资料模块，进行资料的查阅；也可点击进行用户注册。会员用户输入用户名、密码、验证码，信息正确后进入系统。任何用户注册后须经业主方审核通过后才能登录系统。

（二）法规与应急管理

水利水电工程施工是一个危险性高且容易发生事故的行业。水利水电工程施工中人员流动较大、露天和高处作业多、工程施工的复杂性及工作环境的多变性都导致施工现场安全事故频发。因此，非常有必要按照相关的法律法规进行系统化的管理。此模块主要用于存储与管理各种信息资源，包括法规与标准（存储水利水电工程施工安全评价管理参考的相关法律、行政法规、地方性法规、部委规章、国家标准、行业标准、地方标准）、应急预案参考（提供各类应急预案、急救相关知识、相关学术文章、相关法律法规、管理制度与操作规程，为确保事故发生后，能迅速有效地开展抢救工作，最大限度地降低员工及相关方安全风险）。用户可根据需求，方便地检索所需的资料，为各种用户提供施工安全方面的文件资料，用户可在法规与应急管理模块的菜单栏中根据不同的分类查找自己需要的资料，点击后在右侧内容区域进行显示。

（三）评价体系模块

不同角色用户登录后，由于权限不同，看到的页面是不同的。系统主要设置了四个用户角色，分别是业主、施工单位、监理、专家。

1. 评价类别（一级分类）管理

评价体系模块主要由业主负责，包括对施工工程进行评价的评价方法及其相对应的指标体系。主要有参考依据、类别管理、项目管理、检查内容管理以及神经网络数据样本管理等部分。

安全评价是为了杜绝、减少事故的发生，为了保障安全评价的有效性，对施工过程进行安全评价时应遵循以下原则：

（1）独立性

整个安全评价过程应公开透明，各评估专家互不干扰，保障了评价结果的独立性。

（2）客观性

各评价专家应是与项目无利益相关者，使其每次对项目打分评价均站在项目安全的角度，以保障评价结果的客观性。

（3）科学性

整个评价过程必须保障数据的真实性和评价方法的适用性，及时调整评价指标权重比例，以保障评价结果科学性。参考依据部分为安全评价的有效进行提供了依据。

评价类别主要是一级类别的划分，用户可根据不同行业标准以及参考依据进行自行划分，本系统主要包括安全管理、施工机具、桩机及起重吊装设备、施工用电、脚手架工程、模板工程、基坑支护、劳动防护用品、消防安全、办公生活区在内的 10 个一级评价指标，用户还可以根据施工安全评价指标进行类别的添加、修改、删除。页面打开后默认显示全部类别，如内容较多，可通过底部的翻页按钮查看。

通过点击上面的添加按钮，可弹出窗口进行类别的添加。其中内容不能为空，显示次序必须为整数数字，否则不能提交。显示次序主要是用来对类别进行人工排序，数字小的排在前面。类别刚添加时，分值为 0，当其中有二级项目时（通过项目管理进行操作），其分值会更新为其包含的二级项目分值的总和。用户在某一类别所在的行用鼠标左键单击，可选中这一类别。在类别选中的状态下，点击修改或删除按钮可进行相应的操作。如未选中类别而直接操作，则会弹出对话框，提示相关信息。

对于一级分类下还有二级项目内容的情况，此分类是不允许直接删除的，须在二级项目管理页面中将此分类下的所有数据清空后才行，即当其分值为 0 时，方可删除。

2. 评价项目（二级分类）管理

评价项目属于类别(一级分类)的子模块。如“安全管理”属于一级分类，即类别模块，其下包含“市场准入”“安全机构设置及人员配备”“安全生产责任制”“安全目标管理”“安全生产管理制度”等多个评价项目。

在默认情况下，项目管理页面不显示任何记录，用户须点击搜索按钮进行搜索。所属类别为一级分类，从已添加的一级分类中选取，检查项目由用户手工输入，可选择这两项中的任何一项进行搜索；当“所属类别”和“检查项目”都不为空时，搜索条件是且的关系。在检查结果中，用户可以用鼠标选中相应记录，进行修改、删除，方法同一级分类操作。也可点击添加按钮，添加新的项目。

3. 评价内容管理

评价内容的操作主要是为评价项目（二级分类）添加具体内容，用户选择类别和项目后，可点击添加按钮进行评价内容的添加。经过对不同工程的各种评价内容进行分类、总结归纳，一共划分出三种考核类型：是非型、多选型、文本框型。

4. 检查内容管理

检查内容管理负责对施工单元进行评价，是评价体系的核心内容，只有选择科学、实用、有效的评价方法，才能真正实现施工企业安全管理的可预见性以及高效率，实现水利水电工程施工安全管理从事后分析型转向事先预防型。经过安全评价，施工企业才能建立起安全生产的量化体系，改善安全生产条件，提高企业安全生产管理水平。本系统为检查内容管理方面提供了打分法、定量与定性相结合、模糊评价法、神经网络预测法以及网络分析法等多种评价方法。定性分析方法是一种从研究对象的“质”或对类型方面来分析事物，描述事物的一般特点，揭示事物之间相互关系的方法。定量分析方法是为了确定认识对象的规模、速度、范围、程度等数量关系，解决认识对象“是多大”“有多少”等问题的方法。系统通过专家调查法对水利水电工程施工过程中的定性问题，如边坡稳定问题、脚手架施工方案等进行评价。由于专家不能随时随地在施工现场，可以将施工现场的有关资料上传到系统，通过本系统做到远程评价。定量评价是现场监理根据现场数据对施工安全中的定量问题，如安全防护用品的佩戴及使用、现场文明用电情况等进行具体精细的评价。一般来说，定量比定性具体、精确且具操作性。但水利水电工程施工安全评价不同于一般的工作评价，有些可以定量评价，有些不能或很难量化。因此，对于不能量化的成果，就要选择合适的评价方法使其评价结果公正。

运用定性定量相结合的方法，在评价过程中将专家依靠经验知识进行的定性分析与监理基于现场资料的定量判断结合在一起，综合两者的结论，辅助形成决策。评价人员可以通过多种方式进行评价，充分展示自己的经验、知识，还可以自主搜索和使用必要的资源、数据、文档、信息系统等，辅助自己完成评价工作。

（四）工程管理模块

工程管理模块主要是业主对整个工程的管理、施工单位对所管辖标段的管理。此模块主要包括标段管理、施工单元管理、施工单元考核内容管理、评价得分详情、模糊评价结果及神经网络评价结果等部分。不同的角色用户在此模块中具有的权限是不同的。

1. 标段管理

此模块分为两部分：一部分是业主对标段的管理；另一部分是施工单位对标段的管理。

（1）业主对标段进行管理

此模块是业主特有的功能，主要用于将一个工程划分为多个标段，交由不同的施工单位去管理。业主可为工程添加标段，也可修改标段信息，或删除标段。选中一个标段后，点击其中的“查看资料”将会弹出新页面，显示此标段的“所有信息”（这些信息是由施工单位负责维护的，其中施工单位是从已有用户中选择，是否开放有“开放”（开放给施工单位管理）和“关闭”（禁止施工单位对其操作）两个选项，所有数据不能为空。

（2）施工单位对标段进行管理

施工单位登录主界面录后，会进入标段管理界面。如果某施工单位负责对多个标段的施工，则首先选择要管理的标段，选择后可进入标段管理主界面，如施工单位只负责一个标段，则直接进入标段管理主界面。施工单位可通过菜单栏对相应信息进行管理，总体分为两类。

第一，企业资质安全证件。这部分主要是负责管理有关安全管理的各种证件（企业资质证、安全生产合格证），用户第一次点击企业资质安全证件时，系统会提示上传相关信息并转入上传页面。施工单位可在此发布图片、文件信息，并做文字说明。点击提交即可发布。点击右上角的编辑，可进入编辑页面，对信息进行修改。

第二，信息的发布与管理。除企业资质安全证件以外的信息，全部归入信息发布与管理进行发布管理。主要包含规章制度和操作规程（安全生产责任制考核办法，部门、工种队、班组安全施工协议书，安全管理目标，安全责任目标的分解情况，安全教育培训制度，安全技术交底制度，安全检查制度，隐患排查治理制度，机械设备安全管理制度，生产安全事故报告制度，食堂卫生管理制度，防火管理制度，电气安全管理制度，脚手架安全管理制度，特种作业持证上岗制度，机械设备验收制度，安全生产会议制度，用火审批制度，班前安全活动制度，加强分包、承包方安全管理制度等文本，各工种的安全操作规程，已制订的生产安全事故应急救援预案、防汛预案、安全检查制度，隐患排查治理制度，安全生产费用管理制度），工人安全培训记录，施工组织设计及批复文件，工程安全技术交底表格，危险源管理的相关文件（包括危险源调查、识别、评价并采取有效控制措施），施工安全日志（翔实的），特种作业持证上岗情况，事故档案，各种施工机具的验收合格书，施工用电安全管理情况，脚手架管理（包括施工方案、高脚手架结构计算书及检查情况）。点击“信息发布”，选择栏目后可发布文字、图片、文件、视频等信息。

2. 施工单元管理

施工单元代表着标段的不同施工阶段，此模块主要由施工单位负责，业主也具有此功能，同时比施工单位多了评价核算功能。施工单位可在此页面增加新的施工单元，也可修改、删除单元资料。同时，在菜单栏点击，可以发布此施工单元有关的文字、图片、视频等信息。施工单位只能管理自己标段的单元信息，而业主可以对所有标段的施工单元进行操作（但不能为施工单位发布单元信息），同时可对各施工单元进行评价结果核算。业主可选择打分法核算、模糊评价核算、神经网络核算中的一种方法进行核算，核算后结果会显示在列表中。

（五）评分模块

此模块主要涉及的角色是业主和专家。业主负责指定评价内容，专家负责审核标段资料，并对施工单元进行打分。最后由业主对结果进行核算。

首先由业主确定施工单元要考核的内容，选好相应施工单元后，可点击添加按钮，选择要评价的项目，其中的评价项目来自评价体系模块。每个标段可以根据现场不同情况指定多个考核项目。同时可以点击查看打开测试页面，了解具体评分内容。

专家通过主界面登录到系统，首先选择要测评的标段，选择相应标段后，可进入标段信息主页面，对施工单位所管理的标段信息进行检查。点击施工单元评价，可对施工单元信息进行检测和评价。点击“进行评价”，专家进入评分主界面。选择其中的一项，点击“进行打分”，进入具体评分页面。

（六）安全预警模块

安全预警机制是一种针对防范事故发生制订的一系列有效方案。预警机制顾名思义就是预先发布警告的制度。

此模块主要是由专家向施工单位发布安全预警信息，提醒施工单位做好相应工作。由专家选择相应标段，进行信息发布。业主对不同标段预警信息的删除与修改。施工单位登陆标段管理主界面后，首先显示的就是标段信息和预警信息。

第三节　水利水电工程项目风险管理的特征

一、水利水电工程风险管理目的和意义

随着我国国民经济的发展，我国的工程建设项目越来越多，投资规模逐年增加，新技术、新工艺、新设备的不断研发利用，导致项目工程建设过程中面临的各种风险也日渐增多。有的风险会造成工期的拖延；有的风险会造成施工质量低劣，从而严重影响建筑物的

使用功能，甚至危害到人民生命财产的安全；有的风险会使企业经营处于破产边缘。

减少风险的发生或降低风险的损失，将风险造成的不利影响降到最低程度，需要对工程项目建设进行有效的风险管理和控制，使科技发展与经济发展相适应，更有效地控制工程项目的安全、投资、进度和质量计划，更加合理地利用有限的人力、物力和财力，提高工程经济效益，降低施工成本。加强建设工程项目的风险管理与控制工作将成为有效加强项目工程管理的重要课题之一。

中国是世界上水能资源最丰富的国家，水利水电工程是通过对大自然加以改造并合理利用自然资源产生良好效益的工程，通常是指以防洪、发电、灌溉、供水、航运以及改善水环境质量为目标的综合性、系统性工程，它包括高边坡开挖、坝基开挖、大坝混凝土浇筑、各种交通隧洞、导流洞和引水洞、灌浆平洞等的施工以及水力发电机组的安装等施工项目。在水电工程施工建设过程中，受到各种不确定因素的影响，只有成功地进行风险识别，才能更好地做好项目管理，要及时发现、研究项目各阶段可能出现的各种风险，并分清轻重缓急，要有侧重点。针对不同的风险因素采取不同的措施，保证工程项目以最小的风险损失得到最大的投资效益。

风险管理理论在20世纪80年代中期进入我国后，在二滩水电站、三峡水利枢纽工程、黄河小浪底水利枢纽工程项目都已成功地进行了运用。在水电站施工过程中加强现场安全风险管理，提高施工人员的安全风险意识，运用科学合理的分析手段，加强水电项目工程建设中风险因素监控力度，采取有针对性的控制手段，能够有效提高水电项目的投资效益，保证水利水电工程项目的顺利实施，提高我国水利水电工程建设的设计与项目管理水平。

随着风险管理专题研究工作的不断深入进行，工程项目的安全风险意识也不断增强。在项目建设过程中，熟练运用风险识别技术，认真开展风险评估与分析，对存在的风险事件及时采取应对措施，减少或降低风险损失。科学、合理地利用现有的人力、物力和财力，确保项目投资的正确性，树立工程项目决策的全局意识和总体经营理念，对保证国民经济长期、持续、稳定协调地发展，提高我国的项目风险管理水平和企业的整体效益具有重要的实际意义。

二、水利水电工程风险管理的特点

水利水电工程建设是按照水利水电工程设计内容和要求进行水利水电工程项目的建筑与安装工程。由于水利水电工程项目的复杂性、多样性，项目及其建设有其自身的特点及规律，风险产生的因素也是多种多样的，各种因素之间又错综复杂，水电生产行业有不同于其他行业的特殊性，从而导致水电行业风险的多样性和多层次性。因此，水利水电工程与其他工程相比，具有以下显著特征：第一，多样性。水利水电建设系统工程包括水工建筑物、水轮发电机组、水轮机组辅助系统、输变电及开关站、高低压线路、计算机监控及保护系统等多个单位工程。第二，固定性。水利水电工程建设场址固定，不能移动，具有明显的固定性。第三，独特性。与工民建设项目相比，水利水电工程项目体型庞大、结构复杂，而且建造时间、地点、地形、工程地质、水文地质条件、材料供应、技术工艺和项目目标各不相同，每个水电工程都具有独特的唯一性。第四，水利水电工程主要承担发电、蓄水和泄洪任务，施工队伍需要具备国家认定的专业资质，并且按照国家规程规范标准进行施工作业。第五，水利水电工程的地质条件相对复杂，必须由专业的勘察设计部门进行专门的设计研究。第六，水利水电工程建设要根据水流条件及工程建设要求进行施工作业，对当地的水环境影响较大。第七，水利水电工程建设基本是露天作业，易受外界环境因素影响。为了保证质量，在寒冬或酷暑季节须分别采取保暖或降温措施。同时，施工流域易受地表径流变化、气候因素、电网调度、电网运行及洪水、地震、台风、海啸等其他不可抗力因素的影响。第八，水利水电工程建设道路交通不便，施工准备任务量大，交叉作业多，施工干扰较大，防洪度汛任务繁重。第九，对环境的巨大影响。大容量水库、高水头电站的安全生产管理工作，直接关系到施工人员和下游人民群众的生命和财产安全。

水电生产的以上特点，决定了水电安全生产风险因素具有长期性、复杂性、瞬时性、不可逆转性、对环境影响的巨大性、因素多维性等特性。

三、水利水电工程风险因素划分

水利水电工程建设工程项目按照不同的划分原则，有不同的风险因素。这些风险因素并不是独立存在的，而是相互依赖，相辅相成的。不能简单地进行风险因素划分。

一般而言，水利水电工程项目有以下三种划分方式：

（一）水利水电工程发展阶段

1. 勘察设计招投标阶段风险

主要存在招标代理风险、招投标信息缺失风险、投标单位报价失误风险和其他风险等。

2. 施工阶段风险

主要是工程质量、施工进度、费用投资、安全管理风险等。

3. 运行阶段风险

主要是地质灾害、消防火灾、爆炸、水轮发电机设备故障、起重设备故障等风险。

（二）风险产生原因及性质

1. 自然风险

主要指由于洪水、暴雨、地震、飓风等自然因素带来的风险。

2. 政治风险

主要指由于政局变化、政权更迭、罢工、战争等引发社会动荡而造成人身伤亡和财产损失的风险。

3. 经济风险

主要指由于国家和社会一些大的经济因素变化的风险，以及经营管理不善、市场预测错误、价格上下浮动、供求关系变化、通货膨胀、汇率变动等因素所导致经济损失的风险。

4. 技术风险

主要指由于科学技术的发展而来的风险，如核辐射风险。

5. 信用风险

主要指合同一方由于业务能力、管理能力、财务能力等有缺陷或没有圆满履行合同而给另一方带来的风险。

6. 社会风险

主要指由于宗教信仰、社会治安、劳动者素质、习惯、社会风俗等带来的风险。

7. 组织风险

主要指由于项目有关各方关系不协调以及其他不确定性而引起的风险。

8. 行为风险

主要指由于个人或组织的过失、疏忽、侥幸、故意等不当行为造成的人员伤害、财产损失的风险。

（三）水利水电工程项目主体

1. 业主方的风险

在工程项目的实施过程中，存在很多不同的干扰因素，业主方承担了很多，如投资、经济、政治、自然和管理等方面的风险。

2. 承包商的风险

承包商的风险贯穿于工程项目建设投标阶段、项目实施阶段和项目竣工验收交付使用阶段。

3. 其他主体的风险

包括监理单位、设计单位、勘察单位等在项目实施过程中应该承担的风险。

第四节　水利水电工程建设项目风险管理措施

一、水利水电工程风险识别

在水利水电工程建设中实施风险识别是水电建设项目风险控制的基本环节，通过对水电工程存在的风险因素进行调查、研究和分析辨识后，查找出水利水电工程施工过程中存在的危险源，并找出减少或降低风险因素向风险事故转化的条件。

（一）水利水电工程风险识别方法

风险识别方法大致可分为定性分析、定量分析、定性与定量相结合的综合评估方法。定性风险分析是依据研究者的学识、经验教训及政策走向等非量化材料，对系统风险做出决断。定量风险分析是在定性分析的研究基础上，对造成危害的程度进行定量的描述，可信度增加。综合分析方法是把定性和定量两种方式相结合，通过对最深层面受到的危害的评估，对总的风险程度进行量化，能对风险程度进行动态评价。

1. 定性分析方法

定性风险分析方法有头脑风暴法、德尔菲法、故障树法、风险分析问询法、情景分析法。在水利水电项目风险管理过程中，主要采用以下几种方法：

（1）头脑风暴法

又叫畅谈法、集思法。通常采用会议的形式，引导参加会议的人员围绕一个中心议题，畅所欲言，激发灵感。一般由班组的施工人员共同对施工工序作业中存在的危险因素进行分析，提出处理方法。主要适用于重要工序，如焊接、施工爆破、起重吊装等。

（2）德尔菲法

通常采用试卷问题调查的形式，对本项目施工中存在的危险源进行分析、识别，提出规避风险的方法和要求。它具有隐蔽性，不易受他人或其他因素影响。

（3）LEC 法

根据 D=LEC 公式，依据发生事故的概率（L）、人员处于危险环境的频率（E）、发生事故带来的破坏程度（C），赋予三个因素不同的权重，来对施工过程的风险因素进行评价的方法。其中：

L 值：事故发生的概率，按照完全能够发生、有可能发生、偶然能够发生、发生的可能性小除了意外、很不可能但可以设想、极不可能、实际不可能共 7 种情况分类。

E 值：处于危险环境频率，按照接连不断、工作时间内暴露、每周一次或偶然、每月一次、每年几次、非常罕见共 6 种情况分类。

C 值：事故破坏程度，按照 10 人以上死亡、3 ~ 9 人死亡、1 ~ 2 人死亡、严重、重大伤残、引人注意共 6 种情况分类。

2. 定量分析方法

（1）风险分解结构法（RBS）

RBS（Risk Breakdown Structure）是指风险结构树。它将引发水利水电建设项目的风险因素分解成许多“风险单元”，这使得水电工程建设风险因素更加具体化，从而更便于风险的识别。

风险分解结构（RBS）分析是对风险因素按类别分解，对投资影响风险因素系统分层分析，并分解至基本风险因素，将其与工程项目分解之后的基本活动相对应，此确定风险因素对各基本活动的进度、安全、投资等方面影响。

（2）工作分解结构法（WBS）

WBS（Work Breakdown Structure）主要是通过对工程项目的逐层分解，将不同的项目类型分解成为适当的单元工作，形成 WBS 文档和树形图表等，明确工程项目在实施过程中每一个工作单元的任务、责任人、工程进度以及投资、质量等内容。

WBS 分解法的核心是合理科学地对水电工程工作进行分解，在分解过程中要贯穿施工项目全过程，同时又要适度划分，不能划分得过细或者过粗。划分原则基本上按照招投标文件规定的合同标段和水电工程施工规范要求进行。

3. 综合分析方法

（1）概率风险评估

是定性与定量相结合的方法，它以事件树和故障树为核心，将其运用到水电建设项目的安全风险分析中。主要是针对施工过程中的重大危险项目、重要工序等进行危险源分析，对发现的危险因素进行辨识，确定各风险源后果大小及发生风险的概率。

（2）模糊层次分析法

是将两种风险分析方法相互配合应用的新型综合评价方法。主要是将风险指标系统按递阶层次分解，运用层次分析法确定指标，按各层次指标进行模糊综合评价，然后得出总的综合评价结果。

（二）水利水电工程风险识别步骤

1. 对可能面临的危害进行推测和预报。

2. 对发现的风险因素进行识别、分析，对存在的问题逐一检查、落实，直至找到风险源头，将控制措施落到实处。

3. 对重要风险因素的构成和影响危害进行分析，按照主要、次要风险因素进行排序。

4. 对存在的风险因素分别采取不同的控制措施、方法。

二、水利水电工程风险评估

在对水利水电建设工程的风险进行识别后，就要对水利水电工程存在的风险进行估计，要遵循风险评估理论的原则，结合工程特点，按照水电工程风险评估规定和步骤来分析。水电工程项目风险评估的步骤主要有以下四个方面：第一，将识别出来的风险因素，转化为事件发生的概率和机会分布；第二，对某一种单一的工程风险可能对水电工程造成的损失进行估计；第三，从水利水电工程项目的某种风险的全局入手，预测项目各种风险因素可能造成的损失度和出现概率；第四，对风险造成的损失的期望值与实际造成的损失值之间的偏差程度进行统计、汇总。

一般来说，水利水电工程项目的风险主要存在于施工过程当中。对于一个单位施工工程项目来说，主要风险是设计缺陷、工艺技术落后、原材料质量以及作业人员忽视安全造成的风险事件，而气候、恶劣天气等自然灾害造成的事故以及施工过程中对第三者造成伤害的机会都比较小，一旦发生，会对工程施工造成严重后果。因此，对水利水电工程要采取特殊的风险评价方法进行分析、评价。

目前，水利水电工程建设项目的风险评价过程采用 A1D1HALL 三维结构图来表示，通过对 A1D1HALL 三维结构的每一个小的单元进行风险评估，判断水利水电系统存在的风险。

三、水利水电工程风险应对

水利水电工程建设项目风险管理的主要应对方案有回避、转移、自留三种方式。

（一）水利水电工程风险回避

主要是采取以下方式进行风险回避：

1. 所有的施工项目严格按照国家招投标法等有关规定，进行招投标工作；从中选择满足国家法律、法规和强制性标准要求的设计、监理和施工单位。

2. 严格按照国家关于建设工程等有关工程招投标规定，严禁对主体工程随意肢解分包、转包，防止将工程分包给没有资质的皮包公司。

3. 根据现场施工状况编制施工计划和方案。施工方案在符合设计要求的情况下，尽量回避地质复杂的作业区域。

（二）水利水电工程风险自留

水利水电建设方（业主）根据工程现场的实际情况，无法避开的风险因素由自身来承担。这种方式事前要进行周密的分析、规划，采取可靠的预控手段，尽可能将风险控制在可控范围内。

（三）水利水电工程风险转移

水电工程项目中的风险转移，行之有效且经常采用的方式是质保金、保险等方式。在招投标时为规避合同流标而规定的投标保证金、履约保证金制度；在施工过程中为了杜绝安全事故造成人员、设备损失而实行的建设工程施工一切险、安全工程施工一切险制度等都得到了迅速地发展。

四、水利水电工程安全管理

在水利水电工程项目建设中推行项目风险管理，对减少工程安全事故的发生，降低危害程度具有深远的意义和重大影响。在工程建设施工过程中，如何将风险管理理论与工程建设实际相结合，使水利水电工程建设项目的风险管理措施落到实处，将工程事故的发生概率和损害程度降到最低，是当前水利水电工程项目管理的首要问题。我国多年的工程建设管理经验、教训告诉我们，在水利水电工程建设项目施工过程中预防事故的发生，降低危害程度，最大限度地保障员工生命财产安全，必须建立安全生产管理的长效机制。

风险管理理论着眼于项目建设的全过程的管理，而安全生产管理工作着重于施工过程的管理，强调“人人为我，我为人人”的安全理念，在生产过程中实行安全动态管理，加强施工现场的安全隐患排查和治理。风险管理理论是安全生产管理的理论基础，安全生产管理是风险管理理论在工程建设施工过程的具体应用，因此更具有针对性和实践性。

第八章　水利水电工程建设施工企业安全管理

第一节　安全生产目标管理与人员配备

一、安全生产目标管理

（一）安全生产目标的制定

水利水电施工企业制定安全生产总目标，是实施安全生产目标管理的第一步，也是安全生产目标管理的核心。安全生产总目标制定的合适与否，关系到安全生产目标管理的成败。

1. 安全生产目标制定的依据

水利水电施工企业制定企业安全生产总目标的依据包括下列内容：

（1）国家与上级主管部门的安全工作方针、政策及下达的安全指标。

（2）本企业的中、长期安全工作规划。

（3）工伤事故和职业病统计资料和数据。

（4）企业安全工作及劳动条件的现状及主要问题。

（5）企业的经济条件及技术条件。

2. 安全生产目标的内容

水利水电施工企业安全生产目标的内容包括安全生产目标和保证措施两个部分。

（1）安全生产目标

水利水电施工企业安全生产目标一般包括下列几个方面：

①重大事故次数，包括死亡事故、重伤事故、重大设备事故、重大火灾事故、急性中毒事故等。

②死亡人数指标。

③伤害频率或伤害严重程度。

④事故造成的经济损失，如工作日损失、工伤治疗费、死亡抚恤费等。

⑤作业点尘毒达标率。

⑥劳动安全措施计划完好率、隐患整改率、设施完好率。

⑦全员安全教育率、特种作业人员培训率等。

（2）保证措施

水利水电施工企业保证措施大致有下列几方面：

①安全教育措施

安全教育措施包括教育的内容、时间安排、参加人员规模、宣传控制和整改，并制定整改期限和完成率。

②安全检查措施

安全检查措施包括检查内容、时间安排、责任人、检查结果等。

③危险因素的控制和整改

对危险因素和危险点要采取有效的技术和管理措施进行控制和整改，并制定整改期限和完成率。

④安全评比

水利水电施工企业定期组织安全评比，评出先进班组。

⑤安全控制点管理

安全控制点管理要求制度无漏洞、检查无差错、设备无故障、人员无违章。

（二）安全生产目标的实施

1. 安全生产目标的分解

水利水电施工企业安全生产总目标制定以后，必须按层次逐级进行安全生产目标的分解落实，将安全总目标从上到下层层展开，分解到各级、各部门直到每个人，形成自下而上层层保证的安全生产目标体系。

安全生产目标分解的形式通常有下列三种：

（1）纵向分解

安全生产目标的纵向分解是指将安全总目标自上而下逐级分解到每个管理层次直至每个人的分目标。企业安全总目标可分解为部门级、班组级及个人安全生产目标。

（2）横向分解

安全生产目标的横向分解是指将目标在同一层次上分解为不同部门的分目标。企业安全生产目标可分解为安全专职机构、生产部门、技术部门等的安全生产目标。

（3）时序分解

按时间顺序分解总目标是将安全总目标按时间顺序分解为各个时期的分目标，如年度安全生产目标、季度安全生产目标、月度安全生产目标等。

在实际应用中，上述三种方法往往是综合应用，形成三维立体目标。一个企业的安全生产总目标既要横向分解到各个职能部门，又要纵向分解到班组和个人，还要在不同年度和季度有各自的分目标。

2. 安全生产目标的实施

安全生产目标是由上而下层层分解，保证措施是由下而上层层保证。各单位或部门应逐级签订安全生产目标责任书，目标实施应与经济挂钩，每个分目标都要有具体的保证措施、责任承担者及相应的权重系数。

安全目标的实施需要上级对下级的工作进行有效的监督、指导、协调和控制。上级对下级部门不是监督、干涉，下级部门也不必事事向上级请示，时时汇报工作情况。但是，“放权”不等于撒手不管。上级要对下级目标的实施状况进行管理，定期深入下级部门，了解和检查目标完成情况，交换工作意见，对下级工作进行必要的具体指导。除此之外，安全目标的实施还需要依靠各级组织和广大职工的自我管理、自我控制，各部门各级人员的共同努力、协作配合，通过有效的协调可以消除实施过程中各阶段、各部门之间的矛盾，保证目标按计划顺利实施。

（三）安全生产目标的考核与评价

安全生产目标考核与评价是对实际取得的目标成果做出客观的评价，对达到目标的给予奖励，对未达目标的给予惩罚，从而使先进的受到鼓舞，使落后的得到激励，进一步调动全体职工追求更高目标的积极性。通过考评还可以总结经验和教训，发扬优势、克服缺点，明确前进的方向，为下期安全生产目标管理奠定基础。

安全生产目标管理的四个阶段，安全生产目标的制定、安全生产目标的分解、安全生产目标的实施、安全生产目标的考核与评价是相互联系、相互制约的。安全生产目标的制定是进行安全生产目标管理的前提，安全生产目标的分解是安全生产目标管理的基础，安全生产目标实施是安全生产目标管理的关键，而安全生产目标的考核与评价是实现安全生产目标管理持续发展的动力。

二、安全生产管理机构与人员配备

水利水电施工企业的安全生产管理必须有组织上的保障，否则安全生产管理工作就无从谈起。组织保障主要包括两方面：一是安全生产管理机构设置及职能；二是安全生产管理人员配备及职能。

安全生产管理机构是指企业中专门负责安全生产监督管理的内设机构。安全生产管理人员是指企业中从事安全生产管理工作的专职或兼职人员。其中，专门从事安全生产管理工作的人员则是专职安全生产管理人员。既承担其他工作职责，又承担安全生产管理职责的人员则为兼职安全生产管理人员。

（一）安全生产管理机构设置及职责

水利水电施工企业安全生产管理机构是指水利水电施工企业设置的负责安全生产管理工作的独立职能部门。

水利水电施工企业所属的分公司、区域公司等较大的分支机构应当各自独立设置安全生产管理机构，负责本企业（分支机构）的安全生产管理工作。

水利水电施工企业安全生产管理机构主要有下列职责：

1. 宣传和贯彻国家有关安全生产法律法规和标准。
2. 编制并适时更新安全生产管理制度并监督实施。
3. 组织或参与企业生产安全事故应急救援预案的编制及演练。
4. 组织开展安全教育培训与交流。

5. 协调配备项目专职安全生产管理人员。

6. 制订企业安全生产检查计划并组织实施。

7. 监督在建项目安全生产费用的使用。

8. 参与危险性较大工程安全专项施工方案专家论证会。

9. 通报在建项目违规违章查处情况。

10. 组织开展安全生产评优评先表彰工作。

11. 建立企业在建项目安全生产管理档案。

12. 考核评价分包企业安全生产业绩及项目安全生产管理情况。

13. 参加生产安全事故的调查和处理工作。

14. 企业明确的其他安全生产管理职责。

（二）安全生产管理人员配备及职责

水利水电施工企业专职安全生产管理人员是指经建设主管部门或者其他有关部门安全生产考核合格，并取得安全生产考核合格证书，在企业从事安全生产管理工作的专职人员，包括企业安全生产管理机构的负责人、工作人员和施工现场专职安全员。

水利水电施工企业必须配备专职的安全生产管理人员。建筑施工企业安全生产管理机构专职安全生产管理人员的配备应满足下列要求，并应根据企业经营规模、设备管理和生产需要予以增加：

1. 建筑施工总承包资质序列企业：特级资质不少于 6 人；一级资质不少于 4 人；二级和二级以下资质企业不少于 3 人。

2. 建筑施工专业承包资质序列企业：一级资质不少于 3 人；二级和二级以下资质企业不少于 2 人。

3. 建筑施工劳务分包资质序列企业：不少于 2 人。

4. 建筑施工企业的分公司、区域公司等较大的分支机构应依据实际生产情况配备不少于 2 人的专职安全生产管理人员。

水利水电施工企业专职安全生产管理人员在施工现场检查过程中具有下列职责：

（1）查阅在建项目安全生产有关资料、核实有关情况。

（2）检查危险性较大工程安全专项施工方案落实情况。

（3）监督项目专职安全生产管理人员履责情况。

（4）监督作业人员安全防护用品的配备及使用情况。

（5）对发现的安全生产违章违规行为或事故隐患，有权当场予以纠正或做出处理决定。

（6）对不符合安全生产条件的设施、设备、器材，有权当场做出停止使用的处理决定。

（7）对施工现场存在的重大事故隐患有权越级报告或直接向建设主管部门报告。

（8）企业明确的其他安全生产管理职责。

（三）施工现场安全生产管理机构设置及人员配备

水利水电工程建设施工现场应按工程建设规模设置安全生产管理机构、配备专职安全生产管理人员，工程建设项目应当成立由项目负责人负责的安全生产领导小组。建设工程实行施工总承包的，安全生产领导小组由总承包企业、专业承包企业和劳务分包企业项目负责人、技术负责人和专职安全生产管理人员组成。

施工现场的项目负责人应由取得相应执业资格的人员担任，对水利水电工程建设项目的安全施工负责，落实安全生产责任制度、安全生产规章制度和操作规程，确保安全生产费用的有效使用，并根据工程的特点组织制定安全施工措施，消除安全事故隐患，及时、如实报告生产安全事故。

施工现场的专职安全生产管理人员负责对安全生产进行现场监督检查，发现生产安全事故隐患并及时向项目负责人和安全生产管理机构报告；对违章指挥、违章操作立即制止。

第二节　安全生产投入与规章制度

一、安全生产投入

（一）安全生产投入的法律法规要求和分类

1. 安全生产投入的法律法规要求

安全生产投入是指为了实现安全而投入的人力、物力、财力和时间等。

水利水电施工企业必须安排适当的资金，用于改善安全设施，更新安全技术装备、器材、仪器、仪表以及其他安全生产投入，以保证企业达到法律、法规、标准规定的安全生产条件。水利水电施工企业对工程项目安全生产投入资金的使用负总责，分包单位对所分包工程的安全生产投入资金的使用负责。

2. 安全生产投入分类

安全生产投入是水利水电施工企业安全生产的基本保证，施工项目是安全生产投入的对象，其投入费用从工程项目施工生产成本、间接费用和管理费用中单独列支，专款专用。安全生产投入内容很多，按照投入的动力和目的划分为两类，即主动投入和被动投入。

主动投入是从生产过程的安全目的出发，预先采取各种措施而需要的投入。这种投入是主动的、积极的、必不可少的。主动投入主要包括安全措施费用、安全预防管理费用和安全防护用品费用。

被动投入一般指在事故发生后的经济损失及产生的社会影响和危害。这种投入是消极的、被动的、无可奈何的，但它并不是不可避免的。被动投入包括事故造成的直接损失和间接损失，按照我国有关规定，前者是指事故造成人身伤亡及善后处理支出的费用和毁坏财产的价值，后者指因事故导致产值减少，资源破坏和事故影响而造成的其他损失价值。

（二）安全生产费用的使用和管理

安全生产费用是指企业按照规定标准提取，在成本中列支，专门用于完善和改进企业安全生产条件的资金。在水利水电工程建设中，用于安全技术措施的经费和安全文明施工措施经费是为了确保施工安全文明生产必要投入而单独设立的专项费用。

1. 法律法规依据与责任主体

水利水电施工企业在工程报价中应包含工程施工的安全作业环境及安全施工措施所需费用。工程承包合同中应明确安全作业环境及安全施工措施所需费用。对列入工程建设概算的安全生产费用，应用于施工安全防护用具及设施的采购和更新、安全施工措施的落实、安全生产条件的改善，不得挪作他用。

2. 安全生产费用使用

安全生产费用按照“企业提取、政府监管、确保需要、规范使用”的原则进行财务管理。

水利水电施工企业安全生产费用主要用于下列几个方面：

（1）完善、改造和维护安全防护设施设备支出（不含“三同时”要求初期投入的安全设施），包括施工现场临时用电系统、洞口、临边、机械设备、高处作业防护、交叉作业防护、防火、防爆、防尘、防毒、防雷、防台风、防地质灾害、地下工程有害气体监测、通风、临时安全防护等设施设备支出。

（2）配备、维护、保养应急救援器材、设备支出和应急演练支出。

（3）开展重大危险源和事故隐患评估、监控和整改支出。

（4）安全生产检查、评价（不包括新建、改建、扩建项目安全评价）、咨询和标准化建设支出。

（5）配备和更新现场作业人员安全防护用品支出。

（6）安全生产宣传、教育、培训支出。

（7）安全生产适用的新技术、新标准、新工艺、新装备的推广应用支出。

（8）安全设施及特种设备检测检验支出。

（9）其他与安全生产直接相关的支出。

在规定的使用范围内，水利水电施工企业应当将安全生产费用优先用于满足安全生产监督管理部门以及水利行业主管部门对企业安全生产提出的整改措施或达到安全生产标准所需支出。

水利水电施工企业提取安全生产费用应当专户核算，按规定范围安排使用，不得挤占、挪用。年度结余资金结转下年度使用，当年计提安全生产费用不足的，超出部分按正常成本费用渠道列支。

3. 安全生产费用管理

水利水电施工企业安全生产费用管理工作主要包括下列几个方面：

（1）制定安全生产的费用保障制度，明确提取、使用、管理的程序、职责及权限。

（2）按照《企业安全生产费用提取和使用管理办法》（财企〔2012〕16号）的规定足额提取安全生产费用；在编制投标文件时将安全生产费用列入工程造价。

（3）根据安全生产需要编制安全生产费用计划，并严格审批程序，建立安全生产费用使用台账。

（4）每年对安全生产费用的落实情况进行检查、总结和考核。

（三）安全技术措施计划

安全技术措施计划是水利水电施工企业财务计划的一个组成部分，是改善企业安全生产条件、有效防止事故和职业病的重要保证制度。水利水电施工企业为了保证安全资金的有效投入，应编制安全技术措施计划。

1. 安全技术措施

安全技术措施计划的核心是安全技术措施。安全技术措施是为研究解决生产中安全技术方面的问题而采取的措施。它针对生产劳动中的不安全因素，采取科学有效的技术措施予以控制和消除。

按照导致事故的原因可分为防止事故发生的安全技术措施、减少事故损失的安全技术措施。

（1）防止事故发生的安全技术措施

防止事故发生的安全技术措施是指为了防止事故发生，采取的约束、限制能量或危险物质，防止其意外释放的技术措施。常用的防止事故发生的安全技术措施有消除危险源、限制能量或危险物质等。

（2）减少事故损失的安全技术措施

减少事故损失的安全技术措施是指防止意外释放的能量引起人的伤害或物的损坏，或减轻其对人的伤害或对物的破坏的技术措施。常用的减少事故损失的安全技术措施有隔离、设置薄弱环节、个体防护、避难与救援等。

2. 安全技术措施计划的基本内容

（1）安全技术措施计划的项目范围

安全技术措施计划大体可以分为下列四类：

①安全技术措施

安全技术措施是指以防止工伤事故和减少事故损失为目的的一切技术措施。如安全防护装置、保险装置、信号装置、防火防爆装置等。

②卫生技术措施

卫生技术措施是指改善对员工身体健康有害的生产环境条件，防止职业中毒与职业病的技术措施。如防尘、防毒、防噪声与振动、通风降温、防寒、防辐射等装置或设施。

③辅助措施

辅助措施是指保证工业卫生方面所必需的房屋及一切卫生性保障措施。如：尘毒作业人员的淋浴室、更衣室等。

④安全宣传教育措施

安全宣传教育措施是指提高作业人员安全素质的宣传教育设备、仪器、教材和场所。

（2）安全技术措施计划的编制内容

每一项安全技术措施计划应至少包括下列内容：

①措施应用的单位或工作场所。

②措施名称。

③措施的目的和内容。

④经费预算及来源。

⑤实施部门和负责人。

⑥开工日期和竣工日期。

⑦措施预期效果及检查验收。

3. 安全技术措施计划编制的原则

安全技术措施计划编制的原则包括：

（1）必要性和可行性原则

编制计划时，一方面，要考虑安全生产的实际需要，如针对在安全生产检查中发现的隐患、可能引发伤亡事故和职业病的主要原因，新技术、新工艺、新设备等的应用，安全技术革新项目和职工提出的合理化建议等方面编制安全技术措施；另一方面，还要考虑技术可行性与经济承受能力。

（2）自力更生与勤俭节约的原则

编制计划时，要注意充分利用现有的设备和设施，挖掘潜力，讲究实效。

（3）轻重缓急与统筹安排的原则

对影响最大、危险性最大的项目应优先考虑，逐步有计划地解决。

（4）领导和群众相结合的原则

加强领导，依靠群众，使计划切实可行，以便顺利实施。

4. 安全技术措施计划编制的要求

安全技术措施计划编制的要求包括下列内容：

（1）对施工现场安全管理和施工过程的安全控制进行全面策划，编制安全技术措施，并进行动态管理。

（2）要在工程开工前编制，并经过审批。随着工程更改等情况变化，安全技术措施也必须及时补充完善。

（3）要有针对性。编制安全技术措施的技术人员必须掌握工程概况、施工方法、场地环境、条件等第一手资料，熟悉安全生产法律法规、标准等，编写有针对性的安全技术措施。

（4）考虑全面、具体。安全技术措施应贯彻于全部施工工序中，多种因素和各种不利条件考虑全面、具体，但并不等于罗列、抄录通常的操作工艺、施工方法以及日常安全工作制度、安全纪律等制度性规定。

（5）对达到一定规模的危险性较大的工程（基坑支护与降水工程、土方和石方开挖工程、模板工程、起重吊装工程、脚手架工程、拆除、爆破工程、围堰工程、其他危险性较大的工程）应编制专项施工方案，并附具安全验算结果，经水利水电施工企业技术负责人签字以及总监理工程师核签后实施；对前款所列工程中涉及高边坡、深基坑、地下暗挖工程、高大模板工程的专项施工方案，水利水电施工企业还应组织专家进行论证、审查。

总之，应该根据工程施工的具体情况进行系统的分析，选择最佳施工安全方案，编制有针对性的安全技术措施。

5. 安全技术措施计划的编制注意事项

安全技术措施计划所需要的设备、材料，应列入物资技术供应计划；对于各项措施，应规定实现的期限和负责人，水利水电施工企业的领导人对安全技术措施计划的编制和贯彻执行负责。

水利水电施工企业在编制和实施安全技术措施计划中应做到下列要求：

（1）在编制生产、技术、财务计划的同时，必须负责编制安全技术措施计划。

（2）国家规定的安全技术措施经费，必须按比例提取和正确使用，不得挪用。

（3）应以改善劳动条件、解决事故隐患、防止伤亡事故和进行尘毒治理、预防职业病等为目的，确定有关安全技术措施计划的范围及所需经费。

（4）安全技术措施计划的制订与实施，以及安全技术措施经费的提取与使用，应接受工会的监督。

二、安全生产规章制度

（一）安全生产规章制度的编制

安全生产规章制度是指企业依据国家有关法律法规、国家标准和行业标准，结合生产经营的安全生产实际，以企业名义颁发的有关安全生产的规范性文件。一般包括规程、标准、规定、措施、办法、制度、指导意见等。

1. 主要依据

安全生产规章制度以安全生产法律法规、标准规范、危险有害因素的辨识结果、相关事故教训和国内外先进的安全管理方法为依据。

2. 编制计划

安全生产规章制度编制计划内容包括制度的名称、编制目的、主要内容、责任部门、进度安排。

3. 编制流程

安全生产规章制度编制流程包括起草、会签、审核、签发、发布五个步骤。制度发布后，组织相关人员学习、培训、考试，让每位职工都熟悉本企业的安全生产规章制度。

4. 编制注意事项

安全生产规章制度编制应做到目的明确、责任落实、流程清晰、标准明确，编制过程中应注意下列几点：

（1）与国家安全生产法律法规、标准规范保持协调一致，有利于国家安全生产法律法规、标准规范的贯彻落实。

（2）广泛吸收国内外安全生产管理的经验，并密切结合自身的实际情况。

（3）覆盖安全生产的各个方面，形成体系，不出现死角和漏洞。

（二）安全生产规章制度体系的建立

水利水电施工企业安全生产规章制度至少应包括下列内容：

1. 安全生产目标管理制度。
2. 安全生产责任制管理制度。
3. 法律法规标准规范管理制度。
4. 安全生产投入管理制度。
5. 工伤保险制度。
6. 文件和记录管理制度。
7. 风险评估和控制管理制度。
8. 安全教育培训及持证上岗管理制度。
9. 施工机械和工器具（含特种设备）管理制度。
10. 安全设施和安全标志管理制度。
11. 交通安全管理制度。
12. 消防安全管理制度。
13. 防洪度汛安全管理制度。
14. 脚手架搭设、拆除、使用管理制度。
15. 施工用电安全管理制度。
16. 危险化学品管理制度。
17. 工程分包安全管理制度。
18. 相关方及外用工（单位）安全管理制度。
19. 安全技术（含危险性较大工程和安全技术交底）管理制度。
20. 职业健康管理制度。

三、安全生产责任制

安全生产责任制是企业最基本的安全管理制度，是所有安全生产规章制度的核心。《安全生产法》明确规定，生产经营单位必须建立、健全安全生产责任制。

（一）建立安全生产责任制

企业安全生产责任制按照“安全第一、预防为主、综合治理”的方针和“管生产同时必须管安全”的原则，将各级负责人员、各职能部门及其工作人员和各岗位生产工人在职业安全健康方面应做的事情和应负的责任加以明确。

企业安全生产责任制的核心是实现安全生产的“五同时”，就是在计划、布置、检查、总结、评比生产工作的时候，同时计划、布置、检查、总结、评比安全工作。一个完整的安全生产责任制体系其内容大体分为两个方面：一是纵向方面各级组织、各级人员的安全生产责任制；二是横向方面各职能管理部门的安全生产责任制。

水利水电施工企业安全生产责任制的制定范围应覆盖本企业所有组织、管理部门和岗位；应根据其组织机构的设置及职能，分别制定出各级领导干部、各职能管理部门的安全生产责任制；根据本企业所有岗位设置及职责，分别制定出各岗位员工的安全生产责任制。

水利水电施工企业在制定安全生产责任制时，建议采取下列程序：

1. 成立编制机构，专人实施编制。

2. 根据机构编制，核实机构职能、岗位及人员配置。

3. 对本企业各所属组织安全管理状况和各岗位风险进行识别、评估、定位。

4. 制定安全生产责任制大纲，指导编制工作。

5. 组织人员编制。

6. 下发征求意见并修改完善。

7. 审查安全生产责任制草案。

8. 企业主要负责人批准、发布。

水利水电施工企业建立安全生产责任制的同时，要结合实际建立健全各项配套制度，特别要注意发挥工会的监督作用，以保证安全生产责任制得到真正落实。水利水电施工企业建立安全生产监督检查制度，通过安全生产监督检查工作来确保安全生产责任制的落实；对于违反安全管理制度的，建立奖惩处罚制度，如安全生产奖惩制度、“三违”处罚办法等；对于发生生产安全事故的，要建立事故责任追究制度，如生产安全事故问责制度等。

（二）明确员工安全生产责任

1. 主要负责人的安全生产职责

水利水电施工企业主要负责人主要有下列安全生产职责：

（1）水利水电施工企业主要负责人是安全生产第一责任人，对本企业的安全生产工作全面负责，必须保证本企业安全生产、企业员工在工作中的安全、健康和生产过程的顺利进行。

（2）负责组织建立与企业经营规模相适应的专职安全生产管理机构和安全生产保障体系，配备具有相应管理能力和足够数量的专职安全生产管理人员并建立健全安全生产管理责任制度。

（3）审批安全技术措施经费使用计划，并保证安全生产经费的及时、足额投入。

（4）负责组织制订年度安全生产目标计划，制定和确定安全生产考核指标。

（5）组织制定和完善各项安全生产规章制度、奖惩办法及操作规程。

（6）组织制订、实施本企业安全生产事故应急救援预案。

（7）及时、如实报告安全事故，并主持员工因工伤亡事故的调查、分析及处理，组织并监督防范措施的制定和落实，防止事故重复发生。

（8）负责定期听取有关安全生产的工作汇报，掌握安全生产动态，研究解决本企业存在的安全生产问题，督促、检查企业安全生产工作。定期向员工代表大会报告安全生产情况。

2. 项目负责人的安全生产职责

水利水电施工企业项目负责人是施工现场安全生产的第一责任人，对施工现场的安全生产全面领导。主要有下列安全生产职责：

（1）依据项目规模特点，建立安全生产管理体系，制定本项目安全生产管理具体办法和要求，按有关规定配备专职安全管理人员，落实安全生产管理责任，并组织监督、检查安全管理工作实施情况。

（2）组织制订具体的施工现场安全施工费用计划，确保安全生产费用的有效使用。

（3）负责组织项目主管、安全副经理、总工程师、安监人员落实施工组织设计、施工方案及其安全技术措施，监督单元工程施工中安全施工措施的实施。

（4）项目开工前，对施工现场形象进行规划、管理，达到安全文明工地标准。

（5）负责组织对本项目全体人员进行安全生产法律、法规、规章制度以及安全防护知识与技能的培训教育。

（6）负责组织项目各专业人员进行危险源辨识，做好预防预控，制订文明安全施工计划并贯彻执行；负责组织安全生产和文明施工定期与不定期检查，评估安全管理绩效，研究分析并及时解决存在的问题；同时，接受上级机关对施工现场安全文明施工的检查，对检查中发现的事故隐患和提出的问题，定人、定时间、定措施予以整改，及时反馈整改意见，并采取预防措施避免重复发生。

（7）负责组织制定安全文明施工方面的奖惩制度，并组织实施。

（8）负责组织监督分包单位在其资质等级许可的范围内承揽业务，并根据有关规定以及合同约定对其实施安全管理。

（9）组织制订生产安全事故的应急救援预案。

（10）及时、如实报告生产安全事故，组织抢救，做好现场保护工作，积极配合有关部门调查事故原因，提出预防事故重复发生和防止事故危害扩延的措施。

3. 专职安全管理人员安全生产职责

水利水电施工企业专职安全管理人员主要有下列安全生产职责：

（1）负责对施工现场安全生产条件和安全生产行为实施监督检查，对所辖范围的安全生产负监督管理责任；参与脚手架工程、临时用电工程、机械设备及各项安全防护设施使用前的安全检查验收，并签署验收意见。

（2）严格监督各项安全生产规章制度、安全技术措施及操作规程的执行情况，严格查处违章行为，发现事故隐患，有权立即停止作业，有权越级上报。

（3）督促并参与对员工进行三级安全教育工作和对新工人、新换岗工人进行上岗前的安全生产操作技术指导；检查特种作业人员持证上岗情况；参加制定或修订现场各项安全管理制度；协助工地负责人搞好安全生产的宣传工作。

（4）参加审核施工组织设计及各单元工程的施工方案，根据工程进度和有关安全规定，督促有关人员及时实施相应的安全防护措施；根据不同气候、环境、部位特点，协助并参加有关人员的安全交底工作；会同工地负责人和技术人员等，对危险性较大的单元工程按有关方案进行旁站监督；监督各项安全组织措施和技术措施的落实情况。

（5）负责收集整理工地安全工作的基础性资料，会同其他部门管理人员建立健全资料档案，搞好文明安全施工的内业工作。

（6）发现安全事故隐患，应及时向项目负责人和安全生产管理机构报告，参加伤亡事故的调查、分析、处理，并负责上报和对事故进行统计归档工作；监督并落实防止事故范围扩大或事故重复发生措施的实施情况。

（7）负责对本岗位安全管理工作形成记录并保存。

（三）安全操作规程

安全操作规程一般应包括下列内容：

1. 操作必须遵循的程序和方法。
2. 操作过程中有可能出现的危及安全的异常现象及紧急处理方法。
3. 操作过程中应经常检查的部位、部件及检查验证是否处于安全稳定状态的方法。
4. 对作业人员无法处理的问题的报告方法。
5. 禁止作业人员出现的不安全行为。
6. 非本岗人员禁止出现的不安全行为。
7. 停止作业后的维护和保养方法等。

（四）安全生产规章制度和操作规程的执行

安全生产规章制度和操作规程的执行是水利水电施工企业保护从业人员安全与健康的重要手段。通过安全生产规章制度和操作规程的执行，使从业人员明确自己的权利和义务，也为从业人员遵章守纪、规范操作提供标准和依据。

1. 加强宣传贯彻

水利水电施工企业必须加大安全生产规章制度和操作规程的宣传力度，通过大力宣传贯彻和教育培训，使员工掌握安全生产规章制度和操作规程的要领，熟悉制度和规程的各项规定。

2. 重在落实

安全生产规章制度和操作规程一旦编制下发，要始终保持制度和规程的严肃性，保证正确的规定和指令安排得到有效执行。

3. 评估与修订

水利水电施工企业应定期对安全生产规章制度和操作规程的执行情况进行检查评估，并根据评估情况、安全检查反馈的问题、生产安全事故案例、绩效评定结果等，对安全生产管理规章制度进行修订，确保其有效和适用，保证每个岗位所使用的为最新有效版本。

4. 监督检查

水利水电施工企业安全管理部门要深入基层，采取定期、不定期和动态、静态的方式，对安全生产规章制度和操作规程的落实情况进行监督检查。

5. 严格执行文件和档案管理制度

为确保安全规章制度和操作规程编制、使用、评审、修订的效力，水利水电施工企业必须建立文件和档案管理制度，并严格执行落实。

第三节 安全教育培训与隐患排查治理

一、安全教育培训的种类

安全教育培训按教育培训的对象分类，可分为安全管理人员（包括企业主要负责人、项目负责人、专职安全管理人员）、岗位操作人员（包括特种作业人员、新员工、转岗或离岗人员等）和其他人员的安全教育。水利水电施工企业根据教育培训对象、侧重内容的不同提出教育培训要求。

（一）安全管理人员的安全教育培训

水利水电施工企业主要负责人、项目负责人、专职安全生产管理人员应具备与本企业所从事的生产经营活动相适应的安全生产知识、管理能力和资格，每年按规定进行再培训。

1. 安全管理人员安全教育培训学时要求

水利水电施工企业主要负责人、项目负责人、专职安全生产管理人员初次安全培训时间不少于32学时，每年再培训时间不少于12学时。

2. 安全管理人员安全教育培训内容要求

水利水电施工企业主要负责人、项目负责人安全培训应当包括下列内容：

（1）国家安全生产方针、政策和有关安全生产的法律、法规、规章及标准。

（2）安全生产管理基本知识、安全生产技术、安全生产专业知识。

（3）重大危险源管理、重大事故防范、应急管理和救援组织以及事故调查处理的有关规定。

（4）职业危害及其预防措施。

（5）国内外先进的安全生产管理经验。

（6）典型事故和应急救援案例分析。

（7）其他需要培训的内容。

水利水电工程建设专职安全生产管理人员安全培训应当包括下列内容：

（1）国家安全生产方针、政策和有关安全生产的法律、法规、规章及标准。

（2）安全生产管理、安全生产技术、职业卫生等知识。

（3）伤亡事故统计、报告及职业危害的调查处理方法。

（4）应急管理、应急预案编制以及应急处置的内容和要求。

（5）国内外先进的安全生产管理经验。

（6）典型事故和应急救援案例分析。

（7）其他需要培训的内容。

（二）岗位操作人员安全教育培训

1. 特种作业人员安全教育培训

特种作业是指容易发生事故，对操作者本人、他人的安全健康及设备、设施的安全可能造成重大危害的作业。水利水电工程建设项目特种作业包括：电工作业、金属焊接切割作业、登高架设及高空悬挂作业、制冷作业、安全监管总局认定的其他作业。

直接从事特种作业的人员称为特种作业人员。特种作业人员必须经专门的安全技术培训并考核合格，取得特种作业操作证后，方可上岗作业。

特种作业操作证在全国范围内有效，有效期为 6 年，每 3 年复审 1 次。特种作业人员在特种作业操作证有效期内，连续从事本工种 10 年以上，严格遵守有关安全生产法律法规的，经原考核发证机关或者从业所在地考核发证机关同意，特种作业操作证的复审时间可以延长至每 6 年 1 次。

特种作业操作证申请复审或者延期复审前，特种作业人员应当参加必要的安全培训并考试合格。安全培训时间不少于 8 个学时，主要培训法律、法规、标准、事故案例和有关新工艺、新技术、新装备等知识。再复审、延期复审仍不合格，或者未按期复审的，特种作业操作证失效。

2. 新员工三级安全教育

三级安全教育一般是指企业、部门、班组的安全教育。一般是由企业的安全、教育、劳动、技术等部门配合组织进行的。受教育者必须经过教育、考试，合格后才准许进入生产岗位；考试不合格者不得上岗工作，必须重新补考，合格后方可工作。

企业级安全教育指新员工分配到工作岗位之前，由水利水电施工企业的安全生产部门进行的初步安全教育。教育培训的重点内容是水利水电施工企业安全风险辨识、安全生产管理目标、规章制度、劳动纪律、安全考核奖惩、从业人员的安全生产权利和义务、有关事故案例等。

部门级安全教育指新员工分配到部门后，由部门进行的安全教育。培训内容重点是：本岗位工作及作业环境范围内的安全风险辨识、评价和控制措施；典型事故案例；岗位安全职责、操作技能及强制性标准；自救互救、急救方法、疏散和现场紧急情况的处理；安全设施、个人防护用品的使用和维护；等等。

班组级安全教育指新员工进入工作岗位前的教育，一般采用“以老带新”或“师带徒”的方式。教育内容：岗位安全操作规程和岗位之间工作衔接配合，岗位风险及对策措施，个人防护用品的使用和管理，事故案例；等等。

新员工三级安全教育时间不得少于 24 学时。新员工工作一段时间后，为加深其对三级安全教育的感性和理性认识，也为了使其适应现场变化，必须进行安全继续教育。培训内容可从原先的三级安全教育内容中有重点地选择，并进行考核，不合格者不得上岗工作。

3. “五新”教育培训

在新工艺、新技术、新材料、新装备、新流程投入使用前，对有关管理、操作人员进行有针对性的安全技术和操作技能培训。

4. 转岗或离岗安全教育

作业人员转岗、离岗 1 年以上重新上岗前，均须进行项目部（队、车间）、班组安全教育培训，经考核合格后上岗工作。

（三）其他从业人员安全教育培训

水利水电施工企业应督促分包单位对员工按照规定进行安全生产教育培训，经考核合格后进入施工现场，并保存好员工安全教育培训记录资料；须持证上岗的岗位，不安排无证人员上岗作业。

水利水电施工企业应对外来参观、学习等人员进行有关安全规定、可能接触到的危险及应急知识等内容的安全教育和告知，并由专人带领做好相关监护工作。

二、安全教育培训实施与考核

（一）制订安全教育培训计划

水利水电施工企业应定期识别安全教育培训需求，制订教育培训计划。安全教育培训计划要确定培训内容，培训的对象和时间，对培训的经费做出概算。

一般来说，教育培训对象主要分为安全管理人员、特种作业人员、一般操作人员；教育培训时间可分为定期（如：管理人员和特殊工种人员的年度培训）和不定期培训（如一般性操作工人的安全基础知识培训、企业安全生产规章制度和操作规程培训、分阶段的危险源专项培训等）。

教育培训的内容、对象和时间确定后，安全教育培训计划还应对培训的经费做出概算。

（二）选择安全教育培训方式

从教育培训手段看，目前多数还是授课的传统手段，运用多媒体技术开展教育培训还不太普遍。从解决行业内较大教育培训需求和教育培训资源相对不足的矛盾来看，采取多媒体技术大范围开展培训势在必行。

一般性操作工人的安全基础知识的教育培训，应遵循易懂、易记、易操作、趣味性强的原则，建议采用发放图文并茂的安全知识小手册，播放安全教育多媒体教程的方式增强培训效果。

多媒体安全教育培训可使枯燥的安全培训工作寓教于乐，充分提升安全培训效果。现场培训可应用便携式多媒体安全培训工具箱。多媒体安全培训工具箱对安全培训教室所需的硬件、软件、课件进行集成，并以培训自动化、多媒体化的优势将安全生产管理人员从繁重的安全培训工作中彻底解放出来。

另外，班组班前、班后会作为安全教育培训的重要补充，应予以充分重视。

（三）安全教育培训考核

考核是评价教育培训效果的重要环节，是改进安全教育培训效果的重要输入信息。依据考核结果，可以评定员工接受教育培训的认知程度和采用的教育培训方式的适宜程度。

考核的形式一般主要有下列几种：

1. 书面形式开卷

适宜普及性培训的考核，如针对一般性操作工人的安全教育培训。

2. 书面形式闭卷

适宜专业性较强的培训，如管理人员和特殊工种人员的年度考核。

3. 计算机联考

将试卷用计算机程序编制好，并放在企业局域网上，员工可以通过在本地网或通过远程登录的方式在计算机上答题，这种模式一般适用于公司管理人员和特殊工种人员。计算机联考便于培训档案管理，具有到期提醒功能。

（四）安全教育培训档案

安全教育培训档案的管理是安全教育培训的重要环节，通过建立安全教育培训档案，在整体上对培训的人员的安全素质做必要的跟踪和综合评估，在招收员工时可以与历史数据进行比对，比对的结果可以作为是否录用或发放安全上岗证的重要依据。安全教育培训档案可以使用计算机管理，通过该程序完成个人培训档案录入、个人培训档案查询、个人安全素质评价、企业安全教育与培训综合评价等功能。

三、隐患排查和治理

（一）隐患排查和治理的职责

水利水电施工企业是事故隐患排查、治理和防控的责任主体，应当履行下列事故隐患排查治理职责：

1. 建立健全事故隐患排查治理和建档监控等制度，逐级建立并落实从主要负责人到每个从业人员的隐患排查治理和监控责任制。

2. 保证事故隐患排查治理所需的资金，建立资金使用专项制度。

3. 定期组织安全生产管理人员、工程技术人员和其他相关人员排查本单位的事故隐患。对排查出的事故隐患，应当按照事故隐患的等级进行登记，建立事故隐患信息档案，并按照职责分工实施监控治理。

4. 建立事故隐患报告和举报奖励制度，鼓励、发动职工发现和排除事故隐患，鼓励社会公众举报。对发现、排除和举报事故隐患的有功人员，应当给予物质奖励和表彰。

5. 每季度、每年对本单位事故隐患排查治理情况进行统计分析，并分别于下一季度15日前和下一年1月31日前向安全监管监察部门和有关部门报送书面统计分析表。统计分析表应当由水利水电施工企业主要负责人签字。

（二）隐患排查

水利水电施工企业应组织事故隐患排查工作，对隐患进行分析评估，确定隐患等级，登记建档，及时采取有效的治理措施。

1. 隐患排查的一般要求

当发生下列情况，水利水电施工企业应及时组织隐患排查：

（1）法律法规、标准规范发生变更或有新的公布。

（2）企业操作条件或工艺改变。

（3）新建、改建、扩建项目建设。

（4）相关方进入、撤出或改变，对事故、事件或其他信息有新的认识。

（5）组织机构发生大的调整的。

事故隐患排查要做到全员、全过程、全方位，涵盖施工现场人员、设备设施、环境和管理等各个环节。

2. 隐患排查的方式

安全检查是隐患排查的主要方式，其工作重点是检查设备、系统运行状况是否符合现场规程的要求，确认现场安全防护设施是否存在不安全状态，现场作业人员的行为是否符合安全规范，辨识安全生产管理工作存在的漏洞和死角等。

水利水电施工企业应根据施工的需要和特点，采用定期综合检查、专业检查、季节性检查、节假日检查、日常检查等方式进行隐患排查。

（1）定期综合检查

定期综合检查一般是由上级主管部门或地方政府负有安全生产监督管理职责的部门，组织对企业进行的安全检查。

（2）专业专项检查

专业专项检查是针对某一个专业设施及工种的专门检查。如：施工电梯安全检查、起重机械安全检查等。

（3）季节性检查

季节性安全检查是根据不同季节施工的特点开展的安全检查。如：防暑降温安全检查、防雨防雷安全检查、防汛防台风安全检查、防寒防冻安全检查等。

（4）节假日检查

节假日（特别是重大节日）前、后防止员工纪律松懈、思想麻痹等进行的检查。检查应由单位领导组织有关部门人员进行。节日加班，更要重视对加班人员的安全教育，同时要认真检查安全防范措施的落实。

（5）日常检查

日常检查是普遍的、全员性的安全检查活动，包括对作业环境、安全设施、操作人员、机械设备、工器具、个人防护用品、通道、材料堆放等的自检、互检以及交接班的检查。

（6）阶段性检查

阶段性安全检查是针对水利水电工程建设项目的各个不同施工阶段特点所进行的安全检查。包括阶段重点工序和危险性较大工程验收检查。

3. 隐患排查的内容

隐患排查的范围应包括所有与施工生产有关的场所、环境、人员、设备设施和活动。

水利水电工程建设施工现场隐患排查的内容与要求一般包括下列内容：

（1）作业场地平整，道路畅通，洞口有盖板或护栏，地下施工通风良好，照明充足。

（2）设备设施布置合理，器材堆放整齐稳固，人行通道宽度不小于0.5m，平整畅通。

（3）用电线路布置整齐、醒目，架空高度、线间距离符合用电规范，电气设备接地良好。开关箱应完整并装有漏电保护装置。

（4）高处作业和通道的临空边缘设置高度不小于1.2m的栏杆。

（5）悬崖、危岩、陡坡、临水场地边缘设置围栏或警告标志。

（6）易燃易爆物品使用场所有相应防护措施和警示标志。

（7）各种安全标志和告示准确、醒目。

（8）施工人员和现场管理人员遵守规章，正确穿戴安全防护用品和使用工器具，特种作业人员持证上岗。

（三）重大事故隐患报告

对于重大事故隐患，水利水电施工企业应及时向安全监管监察部门和有关部门报告。重大事故隐患报告内容应包括下列内容：

1. 隐患的现状及其产生原因。

2. 隐患的危害程度和整改难易程度分析。

3. 隐患的治理方案。

（四）隐患治理

1. 隐患治理要求

水利水电施工企业应根据事故隐患排查的结果，采取相应措施对隐患及时进行治理。

一般事故隐患由水利水电施工企业（部门、班组等）负责人或者有关人员立即组织整改。

重大事故隐患由水利水电施工企业主要负责人组织制订并实施事故隐患治理方案，在治理前应采取临时控制措施并制订应急预案。

重大事故隐患治理方案应包括目标和任务、采取的方法和措施、经费和物资的落实、负责治理的机构和人员、治理时限和要求、安全措施和应急预案。

2. 隐患治理措施

水利水电施工企业可采取的事故隐患排查治理措施包括下列内容：

（1）工程技术措施，消除和减少危害，实现本质安全。

（2）管理措施，消除管理中的缺陷，提高管理水平。

（3）教育措施，规范作业行为，杜绝人的违章行为。

（4）个体防护措施，切实保护人员安全。

（5）应急措施，最大限度降低事故中的损失。

事故隐患排查治理措施应满足下列基本要求：

（1）能消除和减弱生产过程中产生的危险、有害因素。

（2）处置危险和有害物，并兼顾到国家规定的限制。

（3）预防生产装置失灵和操作失误产生的危险、有害因素。

（4）能有效预防重大事故和职业危害的发生。

（5）发生意外事故时，能为遇险人员提供自救和互救条件。

3. 注意事项

水利水电施工企业在事故隐患治理过程中，应注意：

（1）事故隐患排除前或者排除过程中无法保证安全的，应当从危险区域内撤出作业人员，并疏散可能危及的其他人员，设置警戒标志，暂时停产停业或者停止使用。

（2）对暂时难以停产或者停止使用的相关生产储存装置、设施、设备，应当加强维护和保养，防止事故发生。

（3）加强对自然灾害的预防。对于因自然灾害可能导致事故灾难的隐患，应当按照有关法律、法规、标准等的要求排查治理，采取可靠的预防措施，制订应急预案。在接到有关自然灾害预报时，应及时向下属单位发出预警通知；发生自然灾害可能危及水利水电施工企业和人员安全的情况时，应采取撤离人员、停止作业、加强监测等安全措施，并及时向当地人民政府及其有关部门报告。

（五）安全评估与持续改进

事故隐患治理完成后，应对治理情况进行验收和效果评估。地方人民政府或者安全监管监察部门及有关部门挂牌督办并责令全部或者局部停产停业治理的重大事故隐患，治理工作结束后，有条件的水利水电施工企业应当组织本单位的技术人员和专家对重大事故隐患的治理情况进行评估；其他水利水电施工企业应委托具备相应资质的安全评价机构对重大事故隐患的治理情况进行评估。

对于自行组织的事故隐患排查，在事故隐患整改措施计划完成后，安全管理部门应组织有关人员进行验收。对于上级主管部门或地方政府负有安全生产监督管理职责的部门组织的安全检查，在隐患整改措施完成后，应及时上报整改完成情况，申请复查或验收。

对发现的事故隐患，应从安全管理制度的健全和完善、从业人员的安全教育培训、设备设施的更新改造、加强现场检查和监督等环节入手，做到持续改进，不断提高安全生产管理水平，防范生产安全事故的发生。

第四节　重大危险源与施工设备管理

水利水电工程施工重大危险源是指水利水电工程施工中可能导致人员死亡及严重伤害、财产损失或环境严重破坏的根源或状态。

一、水利水电工程施工重大危险源的辨识

（一）重大危险源辨识的范围

水利水电工程施工重大危险源辨识的对象及范围包括下列几方面：

1. 施工作业活动类

明挖施工，洞挖施工，石方爆破，填筑工程，灌浆工程，斜井竖井开挖，地质缺陷处理，砂石料生产，混凝土生产，混凝土浇筑，脚手架工程，模板工程，金属结构制作、安装及机电设备安装，建筑拆除。

2. 大型设备类

通勤车辆，大型施工设备，等等。

3. 设施、场所类

存弃渣场，爆破器材库，油库油罐区，材料设备仓库，供水系统，供风系统，供电系统、金属结构厂、转轮厂、修理厂及钢筋厂等金属结构制作场所，道路桥梁隧洞，等等。

4. 危险环境类

不良地质地段，潜在滑坡区，超标准洪水、粉尘、有毒有害气体及有毒化学品泄漏环境，等等。

（二）区域重大危险源的辨识

水利水电工程施工重大危险源辨识，按区域可以分为：生产、施工作业区，物质仓储区，生活、办公区。

1. 生产、施工作业区重大危险源辨识

生产、施工作业区重大危险源主要依据作业活动危险特性、作业持续时间及可能发生事故的后果来进行辨识。生产、施工作业区的危险作业条件出现下列情况时，宜列入重大危险源重点评价对象进行辨识：

（1）施工作业活动类，主要包括下列几类：

①明挖施工

开挖深度大于 4m 的深基坑作业；深度虽未超过 4m，但地质条件和周边环境极其复杂的深基坑作业；土方边坡高度大于 30m 或地质缺陷部位的开挖作业；石方边坡高度大于

50m 或滑坡地段开挖作业；堆渣高度大于 10m 的挖掘作业；须在大于 10m 高排架上进行的支护作业；存在上下交叉的作业；等等。

②洞挖施工

断面大于 $20m^2$ 或单洞长度大于 50m 以及地质缺陷部位开挖；不能及时支护的部位；地应力大于 20MPa 或大于岩石强度的 1/5 或埋深大于 500m 部位的作业；未进行围岩稳定性监测；可能存在有毒有害气体而又未进行浓度监测；洞室临近相互贯通时的作业；当某一工作面爆破作业时，相邻洞室施工作业。

③石方爆破

一次装药量大于 200kg 的露天爆破作业或 50kg 的地下开挖爆破作业；竖井、斜井开挖爆破作业；多作业面同时爆破作业；临近边坡的地下开挖爆破作业；雷雨天气露天爆破作业。

④填筑工程

截流工程、围堰汛期运行。

⑤灌浆工程

采用《危险化学品重大危险源辨识》（GB 18218—2009）中规定的危险化学品进行化学灌浆；廊道内灌浆。

⑥斜井、竖井施工提升系统：有天锚或地锚；载人吊篮；提升运行系统行程大于 20m。

⑦砂石料生产

堆场高度大于 10m；存在潜在洪水、泥石流等灾害；料场下方有村庄；料场处于高寒地区，经常性出现雨、雪、雾、冰冻等恶劣天气；半成品及成品堆放库。

⑧混凝土生产系统

利用液氨系统制冷；存在 2MPa 以上高压系统。

⑨混凝土浇筑

厂房顶板浇筑；大型模板；利用缆机或门机浇筑；浇筑高度大于 10m。

⑩脚手架工程

悬挑式脚手架；高度超过 24m 的落地式钢管脚手架；高度超过 10m 的承重式脚手架；附着式升降脚手架；吊篮脚手架。

（2）大型设备类，主要包括下列几类：

①通勤车辆

运载 30 人以上的通勤车辆。

②大型施工机械

存在大风的区域作业；设备运行范围内存在高压线；大型施工机械安装及拆卸。

③大型起重运输设备

两台及多台大型起重机械存在立体交叉作业；存在大风的区域作业；设备运行范围内存在高压线；一次起吊重量大于 100t。

（3）设施、场所类，主要包括下列几类：

①弃渣场

渣场下方有生活或办公区。

②供水系统

水源地无监控，利用液氯进行消毒和盐酸进行污水处理；压力大于 1.6MPa 的压力管道；高位水池；处于汛期的泵房。

③供风系统

压风机、高压储气罐。

④供电系统

变电站、变压器以及洞内的高压电缆。

⑤金属结构加工厂

乙炔临时超量存储；氧气与乙炔发生器未隔离存放等。

⑥道路桥梁隧洞

严寒及冰雪地区，存在大坡度、长距离下坡运输；超长、超高、超宽构件运输。

首次采用新技术、新设备、新材料应列入重大危险源重点评价对象进行辨识。

2. 物质仓储区重大危险源辨识

物质仓储区重大危险源按照储存物质的危险特性、数量以及仓储条件进行辨识，应按物质仓储区的危险物质特性及周边环境计算其发生事故时的后果。

（1）物质仓储区危险化学品重大危险源辨识

物质仓储区危险化学品重大危险源辨识依据《危险化学品重大危险源辨识》进行重大危险源的辨识。

（2）物质仓储区其他重大危险源辨识

物质仓储区存在下列情况时，宜列入重大危险源重点评价：

①库房用电、照明不规范。

②库房安全距离不足。

③消防器材缺失或过期。

④避雷设施不完善。

⑤装卸危险物质。

⑥物质堆高超标。

⑦库房的防盗措施不完善。

⑧危险物质出入库账物不符。

⑨地质、山洪等自然灾害危害。

3. 生活、办公区重大危险源辨识

生活、办公区重大危险源依据环境的危险特性和发生事故的后果进行辨识。辨识的重点部位包括办公楼、营地、医院和其他公共聚集场所。

生活、办公区存在可能导致人员重大伤害或死亡的危险因素均应列为重大危险源的重点辨识对象，包括下列几个方面：

（1）可能导致重大灾害的危险因素。

（2）可能产生滑塌并危及生活、办公区安全的弃渣场。

（3）可能危及生活、办公区安全的自然或地质灾害。

（4）群体性食物中毒，大型聚会群体事件，传染病群体事件。

（5）具有放射性危害的设施。

（6）雷电。

二、水利水电工程施工重大危险源的评价

（一）重大危险源评价方法

水利水电工程施工重大危险源评价按层次可分为总体评价、分部评价及专项评价，按阶段可划分为预评价、施工期评价。水利水电工程施工重大危险源评价宜选用安全检查表法、预先危险性分析法、作业条件危险性评价法（LEC）、作业条件——管理因子危险性评价法（LECM）或层次分析法。不同阶段、层次应采用相应的评价方法，必要时可采用不同评价方法相互验证。

其中，安全检查表法适用于施工期评价，作业条件危险性评价法（LEC）、作业条件——管理因子危险性评价法（LECM）适用于各阶段评价，预先危险性分析法适用于预评价，层次分析法适用于施工过程风险评价。

（二）重大危险源分级

水利水电工程施工重大危险源根据事故可能造成的人员伤亡数量及财产损失情况可分为四级。

1. 一级重大危险源

可能造成 30 人以上（含 30 人）死亡，或者 100 人以上重伤，或者 1 亿元以上直接经济损失的危险源。

2. 二级重大危险源

可能造成 10 ~ 29 人死亡，或者 50 ~ 99 人重伤，或者 5 000 万元以上 1 亿元以下直接经济损失的危险源。

3. 三级重大危险源

可能造成 3 ~ 9 人死亡，或者 10 ~ 49 人重伤，或者 1 000 万元以上 5000 万元以下直接经济损失的危险源。

4. 四级重大危险源

可能造成 3 人以下死亡，或者 10 人以下重伤，或者 1 000 万元以下直接经济损失的危险源。

（三）危险化学品重大危险源登记建档与备案

水利水电施工企业应当对辨识确认的危险化学品重大危险源及时、逐项登记建档。重大危险源档案应当包括下列文件、资料：

1. 辨识、分级记录。
2. 重大危险源基本特征表。
3. 涉及的所有化学品安全技术说明书。
4. 区域位置图、平面布置图、工艺流程图和主要设备一览表。

5. 重大危险源安全管理规章制度及安全操作规程。

6. 安全监测监控系统、措施说明、检测、检验结果。

7. 重大危险源事故应急预案、评审意见、演练计划和评估报告。

8. 安全评估报告或者安全评价报告。

9. 重大危险源关键装置、重点部位的责任人、责任机构名称。

10. 重大危险源场所安全警示标志的设置情况。

水利水电施工企业应根据企业所在地有关部门对重大危险源备案的要求，将本企业重大危险源的名称、地点、性质和可能造成的危害及有关安全措施、应急预案，报有关主管部门备案。

（四）重大危险源监控

关于水利水电施工企业重大危险源监控要求有：

1. 明确重大危险源的各级监管责任人和监管要求，严格落实分级控制措施。

2. 安排专人巡视，并如实记录监控情况。

3. 根据施工进展，对危险源实施动态的辨识、评价和控制。

4. 在危险性较大作业现场设置明显的安全警示标志和警示牌（内容包含名称、地点、责任人员、事故模式、控制措施等）。

三、施工设备管理

（一）设备基础管理

水利水电施工企业设备基础管理的主要内容包括：建立健全设备管理制度，设置设备管理机构或配备设备管理专（兼）职人员，建立设备台账及设备管理档案资料。

1. 设备管理制度

水利水电施工企业应建立健全下列设备管理制度：

（1）施工设备准入制度。

（2）施工设备作业人员和特种设备安装（拆除）队伍准入制度。

（3）施工设备安全检查制度。

（4）施工设备作业指导书和安全措施审查制度。

（5）施工设备调度、租赁和退场管理制度。

（6）施工设备维护保养管理制度。

（7）施工设备资料管理制度。

（8）特种设备安全管理制度等。

2. 设备安全管理网络

水利水电施工企业应设置设备管理机构或配备设备管理专（兼）职人员，形成设备安全管理网络，同时，还应明确施工设备管理机构或设备专（兼）职人员的主要职责。

设备管理机构或配备设备管理专（兼）职人员主要有下列职责：

（1）负责建立健全本企业设备管理制度、设备安全操作规程。

（2）负责对进入工程现场施工设备的安全状况进行准入检查。

（3）负责配置、租赁施工设备，并组织运输、试验、验收，确认满足施工要求。

（4）负责对特种设备安装（拆除）单位或队伍资质和作业人员资格审查。

（5）组织审定特种设备和其他重要机械设备安拆、大修、改造方案。

（6）组织编制特种设备安装、拆卸、使用、维修、运输、试验等过程的危险源辨识、评价和控制措施。

（7）负责组织施工设备安全检查和机械重要作业、关键工序的旁站监督。

（8）负责组织编制特种设备事故应急预案，并组织应急培训和演练。

（9）负责对进入现场的施工设备作业人员进行资格审查，组织特种设备作业人员的培训及考核发证，建立特种设备作业人员台账，监督检查特种设备作业人员持证上岗情况。

（10）参与施工设备事故的调查处理。

（11）负责建立施工设备台账，保存施工设备档案资料，并实施动态管理。

（12）其他需要参与安全管理工作。

3. 设备台账

水利水电施工企业应建立施工设备台账并及时更新，保存施工设备管理档案资料，确保资料的齐全、清晰。

施工设备管理档案由施工设备基本台账、施工设备履历、施工设备技术资料、施工设备运行记录、维修记录以及施工设备安全检查记录等施工设备安全技术资料组成，具体包括下列内容（但不限于）：

（1）施工设备基本台账应包括设备名称、编号、设备类别、型号、规格、制造厂（国）、出厂年月、安装完成日期、调试完成日期、投产日期、安装地点、合同号、设备原值和净值、厂家质保期和管理责任落实情况等。

（2）施工设备履历用于记载所有施工设备自投产运行以来该设备所发生的主要事件，如施工设备调动、产权变更、使用地点变化、安装、改造、重大维修、事故等。

（3）施工设备技术资料应包括该施工设备的主要技术性能参数；设备制造厂提供的设计文件、产品质量合格证明、安装及使用维修说明、监督检验证明等文件；安装、改造、维修施工企业提供的施工技术资料；与施工设备安装、运行相关的土建技术图纸及其数据；检验报告；安全保护装置的型式试验合格证明；等等。

（4）施工设备运行记录用于记载该设备日常检查、润滑、保养情况，以及设备运行状况，运行故障及处理和事故记录；等等。

（5）施工设备维修记录用于记载该设备的定期维修、故障维修和事故维修情况；设备维护检修试验的依据或文件号（含检修任务书、作业指导书、各类技术措施）；设备维护检修时更换的主要部件；检修报告、试验报告、试验记录、验收报告和总结；等等。

（6）施工设备安全检查记录包括该设备定期进行的自行安全检查、全面安全检查的记录，以及专项安全检查记录；还包括根据安全检查所发现隐患的整改报告；等等。

（7）施工设备相关证书等。

施工设备信息资料档案可按每单机（台）设备整理，并按设备类别进行编号，档案的编号应与设备的编号一致。施工设备信息资料档案的各种记录应规范填写、技术资料应收集齐全。

（二）设备运行管理

1. 设备检查

水利水电施工企业应在施工设备运行前、运行过程中进行检查。施工设备检查的方式如下：

（1）日常检查

日常检查是指设备操作人员的每日（班前、班后的检查）对设备状况的自行检查。

（2）巡检

巡检是指设备管理人员、安全管理人员、安全员随机在施工现场巡视检查设备运行、作业的安全情况或违章违规情况并及时处置。

（3）专项检查

专项检查是指设备管理机构、安全管理机构根据特定情况组织的对施工设备技术状况和管理情况的检查（如特殊吊装前对起重设备的检查，大风、汛期对设备防风、防汛措施的检查，等等）。

（4）旁站监督

旁站监督是指设备管理人员、安全管理人员对施工设备重要作业、关键工序和交底的监督检查。

（5）定期检查

定期检查是指水利水电施工企业按规定时间周期对设备安全状况的检查。

2. 设备运行

施工设备操作人员上岗前，水利水电施工企业对其进行安全意识、专业技术知识和实际操作能力的教育培训，并组织现场实际操作和理论知识的考核，经考核合格的操作人员，才能上岗进行操作。对于特种设备作业人员，必须首先向省级质量技术监督部门指定的特种设备作业人员考试机构报名参加考试，经考核合格取得《特种设备作业人员证》方可从事相应的作业。

施工设备启动运行前，设备操作人员应按操作规程做好各项检查工作，确认设备性能及运行环境满足设备运行要求后，方可启动运行。

施工设备运行过程中，水利水电施工企业应严格执行“三定”（即定人、定机、定岗）制度、设备操作人员岗位责任制度，并按规定进行设备检查，保存相关检查记录。

设备运行过程中，设备操作人员应履行下列职责：

（1）必须遵守施工设备安全管理制度、“三定”和持证上岗的规定，严格按照操作规程运行设备。

（2）安全合理使用设备，充分发挥其效能，保证施工质量，完成规定指标，努力降低消耗。

（3）认真做好设备的日常检查和保养工作，保证附属装置、随机工具齐全，对于设备的维护保养，必须达到四项要求，即整齐、清洁、润滑、安全。

（4）及时、准确地填写设备点检记录、运行记录、交接班记录、故障记录、保养记录等。

（5）参加安全教育培训和考核。

（6）不带病运行设备，严禁违章操作，拒绝违章指挥。

（7）发现事故隐患或者其他不安全因素立即向现场管理人员和单位有关负责人报告；当发现危及人身安全时，应停止作业并且采取可能的应急措施。

（8）参加应急救援演练，掌握相应的基本救援技能。

3. 设备维护保养

为确保施工设备设施状况良好，水利水电施工企业在设备维护保养方面应做好的工作包括下列内容：

（1）水利水电施工企业应根据相关法律法规、标准规范的要求，编制设备维护保养制度和操作规程。

（2）水利水电施工企业应依据机械保养的要求保证设备维护保养所需的油料、备件和其他物资材料。

（3）水利水电施工企业结合本企业实际情况，制订设备维护保养计划，实施设备维修、保养。

（4）设备检维修前，应根据实际情况制订检维修方案，确定风险防范措施，严格按照检维修方案开展检维修工作。

（5）设备检维修结束后应组织验收，合格后投入使用。

（6）为了保证设备维护保养计划的执行和设备检维修质量，确保企业设备维修、保养后安全、稳定运行，水利水电施工企业应组织设备检查，加强过程监督、跟踪整改情况，相关人员应做好维修保养记录。

特种设备的重大维修、电梯的日常维护保养必须由国务院特种设备安全监督管理部门许可的单位进行。水利水电施工企业特种设备重大维修前应依法向直辖市或设区的市级人民政府负责特种设备安全监督管理部门书面告知，办理告知后方可维修。重大维修过程中应当接受检验检测机构的监督检验，经有关特种设备检验检测机构检验合格后投入使用。

（三）设备报废管理

设备存在严重安全隐患，无改造、维修价值，或者超过规定使用年限，应及时报废；已报废的设备应及时拆除，并退出施工现场。

一般来讲，施工设备具备下列条件之一者应当报废：

1. 已达到规定使用年限或运行小时，并丧失使用价值的。

2. 磨损严重，基础件已损坏，再进行大修已不能达到安全使用要求的；或使用、维修、保养费用高，在使用成本上不如更新经济的。

3. 技术性能落后，耗能高、效率低，无改造价值的；或严重污染环境，危害人身安全与健康，进行改造又不经济的。

4. 属淘汰机型又无配件来源的。

5. 发生事故，且无法修复的。

6. 存在严重安全隐患的。

水利水电施工企业应重视施工设备报废处理过程的管理。在施工设备报废处理过程中应注意下列几点：

（1）已报废施工设备要将其及时拆除或退出施工现场，严禁擅自留用或出租，防止引发生产安全事故。

（2）已报废施工设备未处理前，应妥善保管，严禁擅自将零部件、辅机等拆作他用。

（3）施工设备的拆除应由具备相应实力和资质的单位进行。特种设备的拆除必须由取得经国务院特种设备安全监督管理部门许可资质的单位承担。

（4）须拆除的施工设备，在实施设备拆除施工作业前，应制订安全可靠的拆除计划或方案；办理拆除设施交接手续；拆除施工中，要对拆除的设备、零件、物品进行妥善放置和处理，确保拆除施工的安全；在拆除施工结束后要填写拆除验收记录及报告。

（5）对使用、存储易燃易爆、危险化学品的施工设备的拆除，水利水电施工企业应根据国家对易燃易爆、危险化学品处置的有关法律法规、标准规范制订可靠的拆除处置方案或实施细则；对拆除工作进行风险评估，针对存在的风险制订相应防范措施和应急救援预案。

（6）对特种设备、机动车辆等由国家监督管理范围内的施工设备的报废，企业还须按照国家的有关规定，向有关政府部门办理使用登记注销手续或申请并办理报废或下户手续。

（四）特种设备管理

1. 特种设备进场

特种设备进场后，水利水电施工企业应进行现场开箱检查验收。

2. 特种设备的安装、调试

特种设备的安装、调试必须由具有相应实力和资质的单位承担，安装（拆除）施工人员应具备相应的能力和资格。

特种设备安装单位应在施工前将拟进行的特种设备安装情况书面告知直辖市或者设区的市级人民政府负责特种设备安全监督管理的部门。

水利水电施工企业在特种设备安装过程中，安排专人进行现场监督。

特种设备安装完成后，应组织验收，在验收后 30 日内，特种设备安装单位应将相关技术资料和文件移交给水利水电施工企业，水利水电施工企业将其存入该特种设备的安全技术档案。

3. 特种设备的使用

特种设备在投入使用前或者投入使用后 30 日内，水利水电施工企业应当报所在地负责特种设备安全监督管理部门登记备案，取得使用登记证书。

水利水电施工企业应建立特种设备岗位责任制、隐患排查治理制度、应急救援制度等安全管理制度，制定特种设备安全操作规程和特种设备事故专项应急预案，配备特种设备安全管理人员，组织特种设备作业人员进行安全教育培训，确保特种设备作业人员取得特种设备作业人员证，持证上岗。

水利水电施工企业应建立特种设备安全技术档案。特种设备安全技术档案应包括下列内容：

（1）特种设备的设计文件、产品质量合格证明、安装及使用维护保养说明、监督检验证明等相关技术资料和文件。

（2）特种设备的定期检验和定期自行检查记录。

（3）特种设备的日常使用状况记录。

（4）特种设备及其附属仪器仪表的维护保养记录。

（5）特种设备的运行故障和事故记录。

水利水电施工企业应对特种设备进行经常性检查维护保养和定期自行检验，同时对特种设备的安全附件、安全保护装置进行定期校验、检修，并做好相应记录。

水利水电施工企业按照安全技术规范的定期检验要求，在安全检验合格有效期届满前1个月向特种设备检验检测机构提出定期检验申请，及时更换安全检验合格标志中的有关内容。安全检验合格标志超过有效期的特种设备不得使用。

在特种设备使用过程中，水利水电施工企业还应建立特种设备作业人员台账，监督特种设备作业人员持证上岗。

4. 特种设备的报废、注销

特种设备存在严重事故隐患，无改造、维修价值，或者超过规定使用年限，特种设备使用单位应及时予以报废，并向原登记的特种设备安全监督管理部门办理注销。

（五）租赁设备和分包单位的施工设备管理

水利水电施工企业按照有关规定租赁设备或进行工程分包时，应签订设备租赁合同或工程分包合同，并明确下列内容：

1. 设备型号、规格、生产能力、数量、工作内容、进退场时间。

2. 设备的机容机貌、技术状况。

3. 设备及操作人员的安全责任。

4. 费用的提取及结算方式。

5. 双方的设备管理安全责任等。

租赁设备或分包单位的施工设备进入施工现场时，水利水电施工企业应根据合同对设备进行验收，验收内容包括：

（1）设备型号规格、生产能力、机容机貌、技术状况。

（2）核对设备制造厂合格证、役龄期。

（3）核对强制年检设备的检验证件的有效性。

对于不满足合同条件的设备，水利水电施工企业不予进场。对于经过验收合格的设备方可投入使用，并认真做好验收记录。

水利水电施工企业将租赁设备或分包单位的施工设备纳入本单位设备安全管理范围，按要求进行有效管理。

第五节　安全文化与生产标准化建设

一、安全文化建设

水利水电施工企业应制订企业安全文化建设规划和计划，重视企业安全文化建设，营造安全文化氛围，形成企业安全价值观，促进安全生产工作。采取多种形式的安全文化活动，形成全体员工所认同、共同遵守、带有本企业特点的安全价值观，形成安全自我约束机制。

（一）安全文化建设规划

水利水电施工企业进行安全文化建设，首先应从总体上进行规划，主要应进行安全文化建设现状分析、制定《安全文化建设纲要》、实施安全文化建设各项措施、评估和总结安全文化建设成效等工作。

1. 制定《安全文化建设纲要》

水利水电施工企业在安全文化建设现状分析的基础上，结合实际情况及未来的战略规划，制定《安全文化建设纲要》。《安全文化建设纲要》，应明确不同阶段具体的工作任务、工作目标、工作方法和保证措施，能有效指导安全文化建设的稳步开展。

2. 实施安全文化建设各项措施

水利水电施工企业应结合自身安全文化建设所处阶段，对症下药，有针对性地实施安全文化建设的各项措施，充分提升安全文化建设的成效。

3. 评估和总结安全文化建设成效

水利水电施工企业应对安全文化建设情况进行深入解析，总结安全文化建设的先进经验，提出可进一步提升的方面，实现安全文化建设的持续完善和改进。

（二）安全文化建设实施

水利水电施工企业在安全文化建设实施过程中，应注重下列几点：第一，安全文化建设是一项长期的过程，需要领导高度重视，明确员工是企业最宝贵的财富，是最重要的资源。第二，必须全员参与。安全文化建设的主体是团队，但离不开个体安全人格的培养和塑造。同时，应注意培养骨干，对参与安全文化建设的其他人员起到模范带头作用。第三，必须以人为本，注重对人行为的引导及安全习惯的养成，通过创造良好的安全氛围和协调的人、机、环关系，对人的观念、意识、态度、行为等形成从无到有的影响。第四，必须强调各方面的教育培训（包括法律法规、安全意识、安全技术、事故预防、危险预知、应急处理等）活动，广泛宣传、普及企业文化基本知识，使员工对企业安全文化基本知识及核心理念有基本的了解、掌握。第五，注重制度的执行。制度仍是安全文化建设与保持的支撑，而标准化、精细化、可视化是制度执行的保障。第六，采取“柔和型”的管理方式。通过激励的方式能充分调动全体员工参与安全文化建设的积极性和创造性。

水利水电施工企业的安全文化建设的具体实施应逐层推进，主要可分为约束阶段、引导阶段、传播阶段和持续阶段，不同的阶段应侧重于不同的安全文化建设手段。

1. 约束阶段

约束阶段对员工的管理侧重于通过制度或行为准则等方式进行行为约束，它要求各级管理层对安全责任做出承诺，员工按要求执行安全规章制度。

这一阶段应着重对安全管理制度进行梳理，形成完善的安全制度管理体系，主要包括下列内容：

（1）建立健全和优化各项规章制度。

（2)编制管理手册及程序文件，严格依照制度、规范、流程、标准化进行安全管理，从下列四个方面展开实施：

①安全管理标准程序。

②人员安全管理标准程序。

③设备设施管理标准程序。

④环境管理标准程序。

每部分包括不同的管理单元，管理单元下分管理要素，不同管理要素对应不同的关键流程管理控制节点，提供安全管理的内容和工作标准，明确管理的对象、管理的范围和管理的方法。

2. 引导阶段

在引导阶段中，开始注重对员工行为的规范和安全意识的提升，该阶段的特点是通过教育培训和安全激励等方式提高员工安全文化素质，引导员工养成良好的安全行为习惯，增强执行安全规章制度的自觉性。这一阶段的实施内容主要包括编制《安全文化手册》、强化教育培训等。

（1）编制《安全文化手册》

水利水电施工企业根据自身安全文化建设情况及行业特点，编制《安全文化手册》。手册应融入安全文化理念、安全愿景、安全生产目标、安全管理等，能有效提升全体从业人员的安全意识和安全态度，逐步形成为全体员工所认同、共同遵守的安全价值观，实现员工的自我约束，保障安全生产水平持续提高。

（2）强化教育培训

教育培训应注重采取灵活多样的教学形式，如多媒体教学等；丰富教学内容，同时侧重于对规章制度、企业文化、安全生产标准化达标及班组安全生产建设的教育培训，形成良好的安全学习交流氛围。

3. 传播阶段

在传播阶段中，安全意识已深入人心。员工可以方便快捷地获取安全信息，工作和生活中时刻能感受到安全文化的感染和熏陶。

这一阶段的实施内容主要包括设计安全可视化系统、开展安全文化活动等。

（1）设计安全可视化系统

结合水利水电施工企业现场实际环境，设计内容丰富、载体形式多样、传播媒介丰富的安全可视化系统。通过一系列看得见、用得上、感召力量、引领思想、凝聚人心的安全文化宣教体系的建设，营造浓厚的安全文化氛围，提高人员的安全意识。如：以安全文化宣传挂图、展板、漫画牌、折页等为载体进行安全理念、安全常识的宣传。

（2）开展安全文化活动

水利水电施工企业应开展多种形式的安全文化活动，包括安全技能演习、安全演讲比赛、班组安全建“小家”等，充分提升员工参与安全文化建设的热情与兴趣。

4. 持续阶段

持续（总结）阶段应重点关注安全文化建设的总结评估和持续改进，以形成安全文化持久的生命力。此阶段要求在前三个阶段已具成效的基础上进行，侧重于对前期安全文化建设成果的总结、评估，整改不足、推广经验，以使安全文化建设不断完善、持续改进，该阶段主要实施的内容是进行安全文化评估和建设总结。

（1）进行安全文化评估

评估主要包括下列内容：

①基础特征，包括企业状态特征、文化特征、形象特征、员工特征和技术特征、监管环境、经营环境、文化环境。

②安全承诺，包括安全承诺的内容、表述、传播和认同。

③安全管理，包括安全权责、管理机构、制度执行和管理效果。

④安全环境，包括安全指引、安全防护和环境感受。

⑤安全培训与学习，包括重要性体现、充分性体现和有效性体现。

⑥安全信息传播，包括信息资源、信息系统及效能体现。

⑦安全行为激励，包括激励机制、激励方式及激励效果。

⑧安全事务参与，包括安全会议与活动、安全报告、安全建议及沟通交流。

⑨决策层行为，包括公开承诺、责任履行与自我完善。

⑩管理层行为，包括责任履行、指导下属与自我完善。

（2）进行安全文化建设总结

对前期安全文化建设总结的目的是将已形成的价值体系、环境氛围、行为习惯固化下来传承下去，同时对上一阶段安全文化建设存在的问题进行修订与完善，持续改进以实现安全文化建设的总目标。

二、安全生产标准化达标建设

（一）安全生产标准化建设

所谓安全生产标准化建设，就是用科学的方法和手段，提高人的安全意识，创造人的安全环境，规范人的安全行为，使人—机—环境达到最佳统一，从而实现最大限度地防止和减少伤亡事故的目的。安全生产标准化建设的核心是人，即企业的每个员工。因此，它涉及的面很广，既涉及人的思想，又涉及人的行为，还涉及人所从事的环境，所管理的机械设备、物体材料等方面的内容。

开展安全生产标准化工作，要遵循“安全第一、预防为主、综合治理”的方针，以隐患排查治理为基础，提高安全生产水平，减少事故发生，保障人身安全健康，保证生产经营活动的顺利进行。通过加强本企业各个岗位和环节的安全生产标准化建设，不断提高安全管理水平，促进安全生产主体责任落实到位。建立预防机制，规范生产行为，使各生产环节符合有关安全生产法律法规和标准规范的要求，人、机、物、环处于良好的生产状态，并持续改进。

安全生产标准化建设是落实企业安全生产主体责任，强化企业安全生产基础工作，改善安全生产条件，提高管理水平，预防事故的重要手段，对保障职工群众生命财产安全具有重要的意义。

（二）安全生产标准化建设流程

水利水电工程建设安全生产标准化工作采用“策划、实施、检查、改进”动态循环的模式，结合自身的特点，建立并保持安全生产标准化系统，通过自我检查、自我纠正和自我完善，建立安全绩效持续改进的安全生产长效机制。

1. 策划阶段

策划阶段是指水利水电施工企业成立安全生产标准化组织机构，辨识安全生产标准化法律法规、标准规范等要求，分析本企业组织机构、人员素质、设备设施等信息，对本企业安全管理现状进行初步评估，从而建立具体实施方案的阶段。

水利水电施工企业在安全生产标准化策划阶段主要包括下列工作内容：

（1）根据有关规定和企业实际需求，成立安全生产标准化组织机构，明确人员职责，全面部署、协调、实施安全生产标准化建设工作。

（2）识别和获取适用的安全生产标准化法律法规、标准规范及其他要求。

（3）对企业安全管理现状进行评估，创建安全生产标准化实施方案。

（4）对各职能部门、班组安全生产标准化情况进行现状摸底。

（5）领导高度重视安全生产标准化建设，并公开表明态度。

2. 实施阶段

实施阶段是指水利水电施工企业将安全生产标准化策划方案具体落实、实施的过程。水利水电施工企业在安全生产标准化执行阶段的主要工作包括下列内容：

（1）组织全面、分层次的安全生产标准化教育培训，使企业各级、各部门员工理解并掌握安全生产标准化建设及评审的要求和内容，理解安全生产标准化达标对本企业和个人的重要意义，保证安全生产标准化建设工作的顺利实施。

（2）根据识别和获取的适用安全生产标准化法律法规、标准规范及其他要求，构建本企业安全生产标准化体系文件，实现对本企业安全生产标准化文件的制定、修订完善。

（3）加强设备设施管理、作业现场控制、事故隐患排查治理、重大危险源监控、事故管理、应急管理等工作，严格落实安全生产标准化文件的规定，确保各项管理制度、操作规程等落实到位，实现安全生产标准化工作有效实施。

3. 检查阶段

检查阶段是指水利水电施工企业衡量安全生产标准化策划和实施效果，及时发现、查找问题的过程。水利水电施工企业应定期组织安全生产标准化建设情况的检查：一方面督促各职能部门、班组安全生产标准化工作的落实；另一方面及时发现存在的问题、及时整改，实现持续改进。

4. 改进阶段

改进阶段是指水利水电施工企业根据安全检查结果，对发现的问题进行整改，并对整改进行验证，实现安全生产标准化建设不断完善、提高的过程。水利水电施工企业在完成安全生产标准化建设情况检查后，对检查中发现的问题及时落实整改，主要包括下列内容：

（1）制订整改计划，落实责任部门、责任人、责任时间等。

（2）各责任部门、责任人按照整改计划，编制并实施整改方案。

（3）安全生产标准化组织机构对问题整改情况及时验证，并进行统计分析。

（三）安全生产标准化达标评审

1. 评级等级

（1）计分方法

水利水电施工企业安全生产标准化达标评级采用对照《水利水电施工企业安全生产标准化评审标准（试行）》（水安监〔2013〕189 号），对不符合项扣分的评分方式。对不符合项扣分时，应以“标准分”为准，累计扣完本项分值为止，不计负分。

评审得分 =（各项实际得分之和 / 应得分）× 100

其中，实得分为评分项目实际得分值的总和；应得分为评分项目标准分值的总和。

（2）评审等级

依据评审得分，水利水电施工企业安全生产标准化等级分为一级、二级和三级，各评审等级的具体划分标准为：

①一级

评审得分 90 分 (含) 以上，且各一级评审项目得分不低于应得分的 70%。

②二级

评审得分 80 分 (含) 以上，且各一级评审项目得分不低于应得分的 70%。

③三级

评审得分 70 分 (含) 以上，且各一级评审项目得分不低于应得分的 60%。

④不达标

评审得分低于 70 分，或任何一项一级评审项目得分低于应得分的 60%。

2. 达标评审流程

按照分级管理的原则，水利部部属水利水电施工企业一级、二级、三级安全生产标准化达标评级工作和非部属水利水电施工企业一级安全生产标准化达标评审工作由水利部安全生产标准化评审委员会负责。非部属水利水电施工企业二级和三级安全生产标准化达标评审工作由各省、自治区、直辖市水行政主管部门负责。

水利部部属水利水电施工企业以及申请一级的非部属水利水电施工企业安全生产标准化达标评审按下列流程进行：

（1）单位自评

水利水电施工企业依据《水利水电施工企业安全生产标准化评审标准（试行）》（水安监〔2013〕189号）进行自查整改，或聘请有关中介机构进行咨询服务，自主验收评分，形成自评报告。

（2）评审申请

水利水电施工企业根据自主评定的结果，确定申请评审等级，经上级主管单位或所在地省级水行政主管部门同意向水利部提出评审申请，并进行网上申报，评审申请材料应该包括申请表和自评报告。

①部属水利水电施工企业经上级主管单位审核同意后，向水利部提出评审申请。

②地方水利水电施工企业申请水利安全生产标准化一级的，经所在地省级水行政主管部门审核同意后，向水利部提出评审申请。

③上述两款规定以外的水利水电施工企业申请水利安全生产标准化一级的，经上级主管单位审核同意后，向水利部提出评审申请。

（3）外部评审

水利部负责对达标申请单位的评审申请材料进行审查，符合申请条件的，通知申请单位开展外部评审工作。

通过水利部审核的水利水电施工企业，应委托水利部认可的评审机构开展评审。评审机构按照水利部制定的安全生产标准化达标评级标准中的内容和要求来进行现场检查评审，并形成评审报告。

（4）评审审核

水利部安全生产标准化评审委员会办公室收到被评审单位提交的评审报告后，应进行初审。认为有必要时，可组织现场核查。初审后的评审报告应提交评审委员会审定。

（5）公告、发证

审定通过的水利水电施工企业在水利安全监督网上公示，公示期为七个工作日。公示无异议的，由水利部颁发证书、牌匾；公示有异议的，由水利部安全生产标准化评审委员会办公室核查处理。

非部属水利水电施工企业申请二级、三级的达标评审，整体也按照单位自评——评审申请——外部评审——评审审核——公告、发证的流程进行，具体的评审流程由各省水行政主管部门制定。

（四）保持与换证

安全生产标准化达标评级工作是水利水电施工企业安全生产管理的长效机制，获级单位应对取得的成果长期保持、持续改进和不断提高，再获得更高级别的荣誉称号。

1. 保持

保持是指水利水电施工企业对取得荣誉称号的延续。水利水电施工企业取得水利安全生产标准化等级证书后，每年应对本企业安全生产标准化的情况至少进行一次自我评审，并形成报告，及时发现和解决企业生产经营中的安全问题，持续改进，不断提高安全生产水平。

2. 换证

换证是指水利水电施工企业获取的证书、牌匾有效期已满时，须到原发证单位换取新证。

（1）证书有效期满前三个月，应向原发证机关提出延期申请。

（2）评审机构对申请企业进行全面复评，复评通过后换发新等级证书。

（3）等级证书的有效期届满后，未申请复评或复评未通过的单位不得继续使用等级证书，并报请有管辖权的水行政主管部门向社会公告。

参考文献

[1] 唐涛 . 水利水电工程 [M]. 北京：中国建材工业出版社，2020.

[2] 崔洲忠 . 水利水电工程管理与实务 [M]. 长春：吉林科学技术出版社，2020.

[3] 闫国新 . 水利水电工程施工技术 [M]. 郑州：黄河水利出版社，2020.

[4] 朱显鸽 . 水利水电工程施工技术 [M]. 郑州：黄河水利出版社，2020.

[5] 袁俊周，郭磊，王春艳 . 水利水电工程与管理研究 [M]. 郑州：黄河水利出版社，2019.

[6] 高明强，曾政，王波 . 水利水电工程施工技术研究 [M]. 延吉：延边大学出版社，2019.

[7] 戴会超 . 水利水电工程多目标综合调度 [M]. 北京：中国三峡出版社，2019.

[8]王东升，徐培蓁.水利水电工程施工安全生产技术[M].北京：中国建筑工业出版社，2019.

[9] 李宝亭，余继明 . 水利水电工程建设与施工设计优化 [M]. 长春：吉林科学技术出版社，2019.

[10] 贺芳丁，刘荣钊，马成远 . 水利工程施工设计优化研究 [M]. 长春：吉林科学技术出版社，2019.

[11] 魏温芝，任菲，袁波 . 水利水电工程与施工 [M]. 北京：北京工业大学出版社，2018.

[12] 贾洪彪，邓清禄，马淑芝 . 水利水电工程地质 [M]. 武汉：中国地质大学出版社，2018.

[13] 高占祥 . 水利水电工程施工项目管理 [M]. 南昌：江西科学技术出版社，2018.

[14] 张志坚 . 中小水利水电工程设计及实践 [M]. 天津：天津科学技术出版社，2018.

[15] 刘海英，耿风慧，成张佳宁 . 水利水电工程与管理 [M]. 延吉：延边大学出版社，2018.

[16] 夏洪华，王继军，王莉 . 水利水电工程与管理 [M]. 北京：兵器工业出版社，2018.

[17] 刘世煌 . 水利水电工程风险管控 [M]. 北京：中国水利水电出版社，2018.

[18] 薛桦 . 水利水电工程施工技术 [M]. 郑州：黄河水利出版社，2018.

[19] 高翠云，康抗，施涛 . 水利水电工程建设管理 [M]. 天津：天津科学技术出版社，2018.

[20] 井德刚，赵国杰，王钰 . 水利水电工程施工与管理 [M]. 天津：天津科学技术出版社，2018.

[21] 苗兴皓 . 水利水电工程造价与实务 [M]. 北京：中国环境出版社，2017.

[22] 段文生，李鸿君，赵永涛 . 水利水电工程招投标机制研究 [M]. 郑州：黄河水利出

版社，2017.

[23] 鲁杨明，赵铁斌，赵峰 . 水利水电工程建设与施工安全 [M]. 海口：南方出版社，2018.

[24] 王海雷，王力，李忠才 . 水利工程管理与施工技术 [M]. 北京：九州出版社，2018.

[25] 刘学应，王建华 . 水利工程施工安全生产管理 [M]. 北京：中国水利水电出版社，2017.

[26] 曾光宇，王鸿武 . 水利水安全与经济建设保障 [M]. 昆明：云南大学出版社，2017.

[27] 张莹，王东升 . 水利水电工程机械安全生产技术 [M]. 北京：中国建筑工业出版社，2019.

[28] 张云鹏，戚立强 . 水利工程地基处理 [M]. 北京：中国建材工业出版社，2019.

[29] 姬志军，邓世顺 . 水利工程与施工管理 [M]. 哈尔滨：哈尔滨地图出版社，2019.

[30] 刘春艳，郭涛 . 水利工程与财务管理 [M]. 北京：北京理工大学出版社，2019.